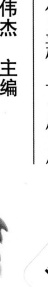

浙江省

水稻全产业链关键技术模式创新与应用

◎ 秦叶波　应伟杰　主编

中国农业科学技术出版社

图书在版编目（CIP）数据

浙江省水稻全产业链关键技术模式创新与应用 / 秦叶波，应伟杰主编 . -- 北京：中国农业科学技术出版社，2023.12

ISBN 978-7-5116-6556-0

Ⅰ . ①浙… Ⅱ . ①秦… ②应… Ⅲ . ①水稻栽培—研究—浙江 Ⅳ . ① S511

中国国家版本馆 CIP 数据核字 (2023) 第 225996 号

责任编辑　于建慧
责任校对　李向荣
责任印制　姜义伟　王思文

出 版 者　中国农业科学技术出版社
　　　　　北京市中关村南大街 12 号　　邮编：100081
电　　话　（010）82109708（编辑室）　（010）82109702（发行部）
　　　　　（010）82109709（读者服务部）
传　　真　（010）82106650
网　　址　https://castp.caas.cn
经 销 者　各地新华书店
印 刷 者　北京中科印刷有限公司
开　　本　148 mm×210 mm　1/32
印　　张　3.375
字　　数　83 千字
版　　次　2023 年 12 月第 1 版　2023 年 12 月第 1 次印刷
定　　价　39.80 元

编 委 会

前　言

　　近年来，逆全球化浪潮兴起、地缘政治冲突、能源价格波动、气候条件变化以及后疫情下的失业人数增加，全球粮食生产消费处于紧平衡状态，粮食安全形势严峻。水稻是浙江省最主要的粮食作物，也是最重要的口粮作物，全年种植面积约占全省粮食播种面积的3/5。因此，全力发展浙江水稻产业，对端稳浙江人的饭碗、装满"浙里粮"至关重要。"十三五"期间，浙江省水稻综合生产能力稳步提升，品质、结构不断改善，人民群众对稻米消费需求从追求数量向追求质量转变，从"吃得饱"转为"吃得好""吃得健康"。随着农业供给侧结构性改革的深入推进，浙江省水稻的优质化率持续增长、产业化进程明显加快，但仍存在稳定面积难度较大、品种优质化率偏低、生产种植成本较高、供需矛盾日益突出等问题。为进一步推动浙江省规模种粮主体增加种粮收入、提高种粮积极性、稳定粮食生产，从2016年起，浙江省农业技术推广中心与中国水稻研究所、浙江省农业科学院、嘉兴市农业科学院、台州市农业科学院、温州市农业科学院、丽水市农作物站等单位合作开展水稻全产业链关键技术模式协同攻关，从水稻品种、栽培、干燥、贮藏、包装、销售、品牌推广等环节着手，闭环式研究浙江省水稻全产业链技术模式，全力打造浙江省自己的稻米品牌，有效推动了全省优质稻产加销一体化模式发展，改变了浙江省原本仅靠"卖稻谷"增加生产效益的模式，也让浙江人吃上浙江本地产的优质米。目前，"优质稻全产业链关键技术"已作为浙江省种植业主推技术在全省范围内推广应用，是浙江省水稻生产"调结构、转方式"和"藏粮于技"的新途径，得到了广大种粮农民的青睐和肯定，有效推动了浙江水稻生产朝着"品种本地化、品质优质化、生产标准化、经营产业化、销售品牌化"之路前进。

浙江省农业技术推广中心联合相关单位，在总结全省近8年水稻全产业链关键技术试验研究和示范推广工作的基础上，收集整理有关研究论文和研究成果，编写了《浙江省水稻全产业链关键技术模式创新与应用》一书。本书全面总结了浙江省水稻全产业链关键技术模式创新应用情况及取得的成效，对推动浙江省水稻产加销一体化发展、延长粮食生产产业链、增加附加值、提高农民种粮综合效益具有重要的指导意义。

本书编写得到了浙江省各级农技推广部门及省内农业科研院校的支持和帮助，在此一并表示由衷的感谢。由于编者水平和能力有限，编写时间仓促，书中难免存有不足之处和疏漏，敬请各位读者批评指正。

编　者

2023 年 11 月 15 日

目　录

浙江省水稻产加销一体化发展概况

　　近年来，种粮成本增加、价格下跌，导致种粮效益不断下滑，粮食种植面积不断减少，粮食安全受到挑战。支持具备一定生产规模和经营能力的粮食生产新型经营主体延长产业链，推动其从"卖稻谷"向"卖大米"转变，不仅能够增加产业链增值收益，提振种粮信心，也能为周边小农户提供产后综合服务，促进小农户与现代农业发展有机衔接，将产业链增值收益尽可能留在农村内部、留给农民，进一步稳定粮食生产面积，保障粮食安全。

　　水稻是浙江省的主要粮食作物，也是最主要的口粮，在粮食生产中具有举足轻重的地位。近年来，浙江省水稻生产基本保持稳定，但水稻生产中依然存在比较效益偏低、规模经营比例偏小等问题。水稻产加销产业链涵盖水稻品种、栽培、干燥、贮藏、包装、销售、品牌推广等各个环节，是水稻生产、加工与销售一体化聚集发展的方式。其主要特点是以规模种植农户为主体，将生产、加工和销售环节有机结合起来，以实现从田间到餐桌的一揽子质量工程，有利于延长粮食生产产业链，增加附加值，提高种粮综合效益。近年来，浙江省水稻产加销一体化产业取得了长足的发展，但仍存在"稳定优质品种缺乏""加工技术与设备落后""销售渠道单一""品牌营销不足"等问题。因此，对浙江省水稻产加销一体化产业发展情况进行调研，全面了解水稻产加销一体化的现状，对促进浙江省农业生产具有重大的理论与现实意义。

因此，本研究从 2019 年 6 月起，先后对仙居、诸暨、温岭、乐清、余姚、文成、瑞安、永嘉等地的水稻生产新型经营主体开展实地调查，并对全省开展水稻产加销一体化经营的种粮主体进行全面调查统计，分析了浙江省水稻产加销一体化发展的现状、存在问题，并结合浙江省实际提出相应的措施建议。

（一）水稻产加销一体化主体分布

浙江省水稻产加销一体化经营的新型粮食生产经营主体方面，2019 年，全省共有 495 家粮食生产主体开展水稻产加销一体化经营，其水稻种植面积 47.4 万亩，分别占全省水稻规模化生产主体个数和种植面积的 3.03%、11.85%。在种植面积上，开展产加销一体化经营的主体数量随着水稻种植面积的增加而减少，0～500亩*、500～1 000 亩、1 000～2 000 亩和 2 000 亩以上的种粮主体分别有 227 家、132 家、79 家与 57 家。在各地级市，嘉兴市拥有最多的产加销一体化经营的规模种粮主体（84 家），其次分别为宁波（62 家）、台州（59 家）、金华（57 家）、杭州（46 家）、湖州（45 家）、衢州（35 家）、绍兴（35 家）、丽水（35 家）、温州（27家）与舟山（10 家），且总体上产加销一体化经营的主体数量随着水稻种植面积的增加而减少（图 1-1）。

注：1 亩 ≈ 667 m^2。全书同。

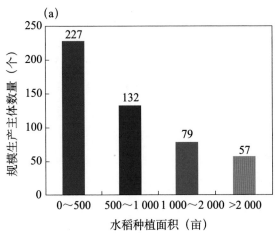

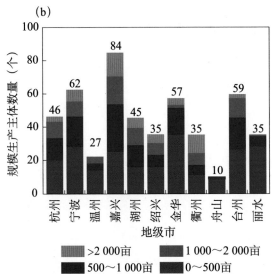

图 1-1　浙江省水稻产加销一体化经营主体数量与类别分布

（a）不同种植规模生产主体数量；（b）规模生产主体地级市分布

（二）水稻产加销一体化主要经营模式分析

在产加销一体化经营模式上，495 家主体中有 217 家（43.8%）

采用"生产＋加工＋销售"一体化的经营模式，有39家种粮主体（7.9%）在满足自身稻谷加工的情况下，还带动了周围农户的稻米加工，采用"产加销一体化＋带动周围农户"的经营模式。此外，239家种粮主体（48.3%）则没有自有加工设备，通过"生产＋代加工＋销售"的经营模式（图1-2a）。而在各地级市中，"产加销一体化＋带动周围农户"的种植主体比例分布范围为0～18.5%；"产加销一体化"的种植主体比例为26.2%～100%；"生产＋代加工＋销售"的种植主体比例为0～72.1%（图1-2b）。

495家新型粮食生产经营主体的水稻种植总面积为47.4万亩，其中，加工销售面积为24.4万亩，占总面积的51.5%（图1-2c）。在各地级市中，产加销面积比例从高到低依次为金华（86.0%）、宁波（83.1%）、衢州（64.0%）、丽水（51.0%）、湖州（48.6%）、舟山（44.2%）、杭州（41.9%）、台州（39.8%）、嘉兴（36.7%）、绍兴（34.1）与温州（30.8%）（图1-2d）。

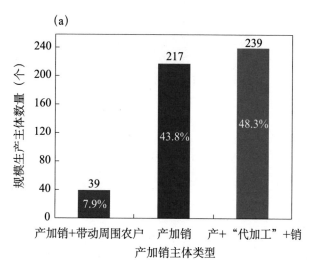

图1-2　浙江省规模生产主体"产加销模式"分析

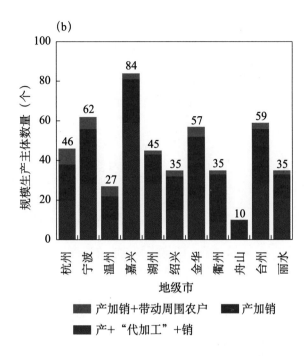

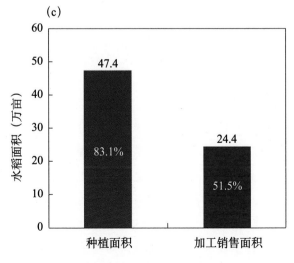

图 1-2 浙江省规模生产主体"产加销模式"分析（续）

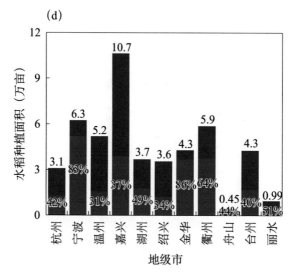

图 1-2　浙江省规模生产主体"产加销模式"分析（续）

（a）水稻规模生产主体"产加销模式"；（b）不同"产加销模式"的水稻规模生产主体地级市分布；（c）495家规模生产主体的水稻种植与加工销售面积；（d）各地级市的规模生产主体的水稻种植与加工销售面积。

（三）不同模式的加工方式比较分析

在不同的水稻产加销经营模式中，3种加工方式各有利弊。

1. 自主加工

主要优势：一是可以控制稻米加工的时间与进度，保持米的新鲜度，控制新米上市时间，满足不同消费需求，规划种植如国庆稻的早稻与其他优质品种；二是稻米加工品质较稳定，有利于打造自有品牌、培养客户群、固定销售渠道、提高经济效益等。

主要制约因素：一是加工场地审批困难，加工设备投入大，回报慢；二是自主加工对工作人员素质要求高，而大多数经营主体缺乏具有新型管理技术的工作人员；三是加工设备技术更新快，跟不上形势变化等。

2.自主加工＋带动周围农户的加工方式

主要优势：一是增加服务收入，提高主体经济效益；二是提高经营主体的地区影响力，起行业引领作用；三是带动周围农户稻米加工，促进地区主体间联系等。

主要制约因素：一是由于收割时间相对集中，稻谷品种和不同大户不好区分，影响烘干量，与自身加工需求相冲突；二是农户稻谷加工量不多，零碎，比较麻烦，费时费工；三是大量的烘干任务集中在一起，给合作社的人力、物力带来巨大挑战，一定程度上影响设备的使用寿命等。

3.代加工

主要优势：一是加工成本投入低，无须购置昂贵加工设备；二是可以挂靠代加工主体的食品生产许可（SC）认证，扩展销售渠道等。

主要制约因素：一是无法自主控制加工时间与加工进度，在稻谷收割高峰，无法满足加工要求；二是稻谷代加工过程中运输成本较高；米糠与碎米利用率低等。

表1-1　不同模式的加工方式比较分析

	优势	限制条件
自主加工	1.控制加工时间与进度 2.保证加工质量 3.利于打造自有稻米品牌，提高经济效益	1.加工用地审批困难 2.加工设备初始投入大，回报慢 3.对工作人员素质要求高 4.加工设备升级快，设备保养、升级费用高

	优势	限制条件
自主加工 + 带动周围 农户	1. 增加服务收入，提高经济效益 2. 提高经营主体影响力，起行业引领作用 3. 带动周围农户稻米加工，促进地区主体间联系	1. 与自身加工冲突 2. 农户稻谷加工量低，费时费工，容易混杂 3. 增加加工设备使用强度，增加维护与保养难度
代加工	1. 加工成本投入低，无须购置昂贵加工设备 2. 可以挂靠 SC 认证，扩展销售渠道	1. 无法自主控制加工时间与加工进度 2. 米糠与碎米利用率低

（四）经营主体水稻品种选择与分布

在水稻品种选择上，种植甬优 15 的主体最多，有 125 家，之后分别为甬优 1540（108 家）、嘉丰优 2 号（72 家）、中浙优 8 号（46 家）、南粳 46（44 家）、嘉禾 218（34 家）和甬优 9 号（33 家）（图 1-3）。在各市水稻品种种植分布上（图 1-4），杭州市种植的水稻品种主要为甬优 15、甬优 1540、嘉丰优 2 号等；宁波市种植的水稻品种主要为甬优 15、嘉禾 218、南粳 46 和甬优 1540 等；温州市种植的水稻品种主要为中浙优 8 号、泰两优 217、甬优 15 与泰两优 1332 等；嘉兴市种植的水稻品种主要为嘉 67、嘉禾 218、秀水 121、甬优 1540 与软香 2 号等；湖州市种植的水稻品种主要为南粳 46、甬优 1540、南粳 5055 与浙湖粳 25 等；绍兴市种植的水稻品种主要为甬优 15、嘉丰优 2 号、南粳 46、绍粳 18、甬优 1540 与中浙优 8 号等；金华市种植的水稻品种主要为甬优 1540、甬优 15、甬优 9 号等；衢州市种植的水稻品种主要为甬优 1540、甬优 9 号、嘉丰优 2 号与中浙优 8 号等；舟山市种植的水稻品种主要为嘉丰优 2 号、南粳 46、嘉 67、嘉禾 218 等。台州市种植的水稻品种主要有甬优 1540、甬优 9 号、嘉丰优 2 号、中浙优 8 号等；丽水市种植的水稻品种主要为嘉丰优 2 号、中浙优 8 号、甬优 1540 与甬优 9 号。

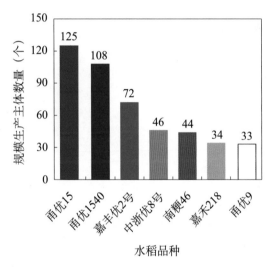

图 1-3　浙江水稻品种在规模生产主体中分布情况

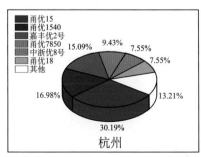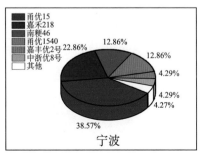

图 1-4　浙江省地级市水稻品种分布

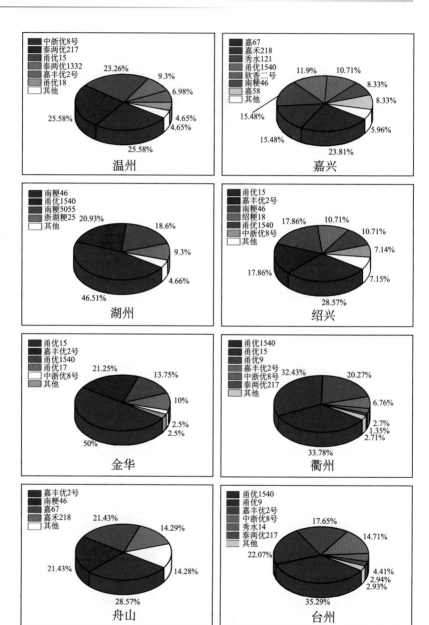

图 1-4　浙江省地级市水稻品种分布（续）

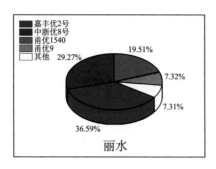

图 1-4　浙江省地级市水稻品种分布（续）

（五）稻米品牌建设情况

495 家粮食生产新型经营主体中，312 个拥有稻米品牌，占比 63.0%（图 1-5a）。在各地级市中，品牌拥有比例最高的地级市为杭州（87.0%），其余依次为丽水（82.9%）、宁波（67.7%）、湖州（66.7%）、嘉兴（65.5%）、温州（59.3%）、金华（57.9%）、绍兴（51.4%）、台州（50.8%）、衢州（45.7%）和舟山（30.0%）（图 1-5b）。其中，仅有 118 个主体通过食品生产许可（SC）认证，占比 23.8%（图 1-5c）。在各地级市中，SC 认证比例最高的地级市为湖州（40.0%），其余依次为绍兴（31.4%）、舟山（30.0%）、嘉兴（29.8%）、丽水（28.6%）、杭州（28.3%）、金华（21.1%）、台州（16.9%）、宁波（14.5%）、衢州（11.4%）和温州（11.1%）（图 1-5d）。

（六）稻米销售渠道与价格分布

495 家主体中，仅有 63 个主体采用"线上 + 线下"的销售模式，占比 12.7%，其线上渠道主要有微信公众号、淘宝网等。81.3% 的规模种粮主体仅为线下销售，主要渠道为本地零售、超市、单位订购、代理商批发等（图 1-6a）。在各地级市中，拥有线上销售渠道的种粮主体比例为 6.8%（台州）到 21.7%（杭州）（图 1-6b）。其中，稻米销售价格在 1 ～ 3 元 / 斤（1 斤 =500g）的有 225 家（45.5%），3 ～ 5 元 / 斤、5 ～ 8 元 / 斤、8 ～ 12 元 / 斤与

> 18 元 / 斤 的 分 别 有 185 家（37.3%）、56 家（11.3%）、13 家（2.6%）、9 家（1.8%）和 7 家（1.4%）（图 1-6c）。在各地级市中，杭州市、宁波市、丽水市与舟山市的规模种粮主体稻米价格主要分布在 3～5 元 / 斤，占比分别为 80.4%、71.2%、51.4 与 50.0%；温州、嘉兴、湖州、绍兴、金华、衢州与台州的规模种粮主体稻米价格主要分布在 1～3 元 / 斤，占比分别为 59.3%、55.9%、46.7%、48.6%、73.7%、91.2% 和 62.7%（图 1-6d）。

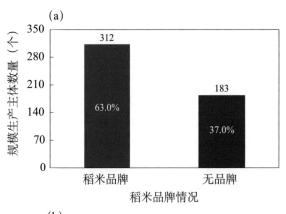

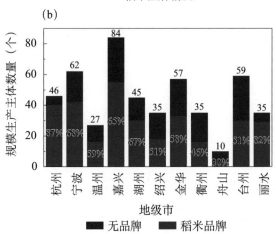

图 1-5 浙江省规模粮食生产主体中稻米品牌与 SC 认证情况

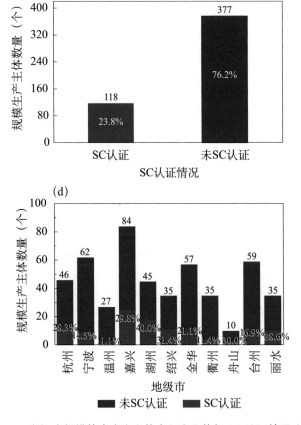

图 1-5　浙江省规模粮食生产主体中稻米品牌与 SC 认证情况（续）

（a）拥有稻米品牌的规模粮食生产主体数量；（b）各地级市规模粮食生产主体的稻米品牌分布；（c）通过 SC 认证的规模粮食生产主体数量；（d）各地级市规模粮食生产主体的 SC 认证情况。

（七）产加销一体化模式的经济效益分析

1.加工设备采购补贴

为进一步分析不同水稻产加销模式的规模生产主体的经济效

益，项目组选取了 13 个代表性的规模主体进行典型调研分析。13
家经营主体中，"产加销 + 带动周围农户""产加销"与"产 + 代加
工 + 销"的经营主体分别有 7 家、4 家与 2 家（图 1-7）。在自主
加工的 11 家经营主体中，1 家的加工设备采购为 100% 自费，而
享受 0 ～ 40%、40% ～ 60% 与 60% ～ 70% 购机补贴的经营主体
分别有 4 家、4 家与 2 家，11 家经营主体购买稻米加工设备的平
均补贴比例为 40.74%（图 1-8）。

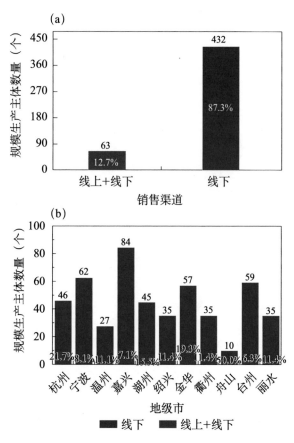

图 1-6　浙江省规模粮食生产主体中稻米销售与价格分布

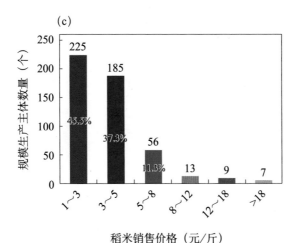

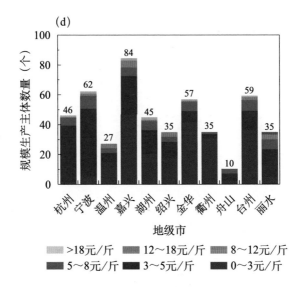

图 1-6 浙江省规模粮食生产主体中稻米销售与价格分布（续）

（a）不同销售渠道的规模粮食生产主体数量；（b）各地级市规模粮食生产主体的销售渠道分布；（c）规模粮食生产主体稻米价格分布；（d）各地级市规模粮食生产主体的稻米价格。

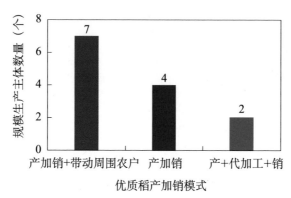

图1-7 典型调研的规模生产主体"产加销模式"分布

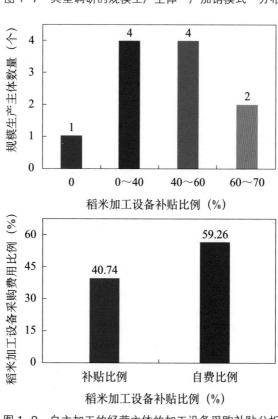

图1-8 自主加工的经营主体的加工设备采购补贴分析

2.加工成本分析

如表2所示，在自主加工的11家经营主体中，年稻谷加工量分布在250～50 000 t，而加工成本为0.04～0.1元/斤，平均加工成本为0.05元/斤。而"产加销＋带动周围农户"模式的主体给其他主体代加工稻谷的收费标准为0.1元/斤，或者以收取米糠和碎米的方式。对应的"产＋代加工＋销售"模式的主体代加工稻谷的成本为0.1元/斤，或是提供米糠和碎米。

表1-2　水稻加工成本分析

序号	加工量（t）	加工费用（万元）	加工成本（元/斤）
1	280.00	5.60	0.10
2	50 000.00	400.00	0.04
3	5 000.00	60.00	0.06
4	1 200.00	12.00	0.05
5	1 200.00	24.00	0.05
6	250.00	2.00	0.04
7	320.00	3.20	0.05
8	500.00	6.00	0.06
9	10 000.00	160.00	0.08
10	1 250.00	14.25	0.06
11	675.00	9.59	0.07
平均			0.05

3.产加销成本与经济效益分析

随后，项目组对其中具有代表性的8家经营主体在2018年和2019年的支出与效益情况进行了分析。如表1-2所示，水稻生产环节的成本占总支出的64.24%～98.07%，加工贮藏环节的成本占总支出的 1.02% ～ 23.37%，而销售环节的成本占总支出的 0.91% ～ 12.39%。生产、加工贮藏与销售的支出成本比例平均分别为 85.68%、8.32% 与 6.00%。其中，值得注意的是，1 号经营主体的加工贮藏与销售环节的支出成本比例为 23.37% 与 12.39%，而经济效益则高达 491.47%。3 号、4 号、5 号与 8 号经营主体的加工贮藏支出成本比例仅为 1.02% ～ 3.10%，但经济效益则最低。相关分析结果表明，生产成本比例与经济效益的相关系数为 -0.859，达到极显著水平（$P<0.001$），而加工贮藏成本比例、销售成本比例与经济效益呈极显著的正相关性，其相关系数分别为 0.861 与 0.830。由此表明，在加工贮藏与销售支出比例偏低的情况下（平均比例仅为 8.32% 与 6.00%），水稻生产环节的支出成本比例与经济效益呈显著的负相关关系，而适当地提高加工贮藏与销售的成本支出，有利于经济效益的增长。

表 1-3　经营主体的成本支出与经济效益分析（2018—2019 年数据）单位：%

序号	生产	成本比例 加工贮藏	销售	经济效益
1	64.24	23.37	12.39	491.47
2	73.78	17.27	8.95	116.43
3	92.98	3.10	3.91	23.41
4	94.66	1.64	3.70	72.34
5	98.07	1.02	0.91	12.59
6	91.65	3.68	4.67	45.45
7	76.62	13.24	10.13	141.43
8	93.45	3.24	3.32	15.93
平均	85.68	8.32	6.00	114.88

表1-4　水稻产加销各环节支出比例与经济效益的相关性分析

成本	经济效益
生产成本	-0.859
加工贮藏成本	0.861
销售成本	0.830

不同的水稻产加销模式的经营主体中，其各环节的支出比例也有差异。如表1-5所示，"产加销＋带动周边农户"模式经营主体加工贮藏与销售支出的平均比例为9.94%与8.15%，"产加销"模式经营主体加工贮藏与销售支出的平均比例为9.36%与6.77%，而"生产＋代加工＋销售"模式经营主体加工贮藏支出的平均比例仅为1.28%与4.35%（表1-5）。

表1-5　不同产加销模式经营主体的

成本支出与经济效益分析（2018—2019 年数据）　　单位：%

模式	生产	成本比例 加工贮藏	销售	经济效益
产加销＋带动周围农户	81.91	9.94	8.15	257.44
产加销	83.87	9.36	6.77	79.81
产＋代加工＋销	94.37	1.28	4.35	42.46

（八）浙江省发展水稻产加销模式的优劣势分析

浙江省具有独特的自然资源和区位优势。省内拥有高山、丘陵、平原等多样的地理地貌，一流且多样的生态环境中种植出好农产品是浙江省发展水稻产业的优势。浙江省是经济大省，人民消费水平较高，优质农产品具有巨大消费市场。浙江省具有较好的政策环境和农业结构调整的先发优势。近几年，浙江省紧紧围绕发展效益农业、提高农产品竞争力、促进农民增收这一中心，率先实行粮食购销市场化改革，积极主动地参与国际、国内农业分工，出台一系列扶持政策，推进农业结构战略性调整，大力发展创汇农业、城郊农业、特色农业、生态农业和设施农业。

同时，浙江省发展水稻产加销一体化产业存在以下劣势：农业生产成本较高，经济效益低；土地少，机械化程度不高，劳动力少；生态区域复杂，消费习惯差异大；缺少稳定优质水稻品种；农业产业链较短，产业化程度不高。

浙江省水稻产加销一体化发展建议

（一）支持产加销一体化经营的积极意义

（1）为种粮规模主体增加收入开辟新途径，有利于稳定种粮积极性。推动种粮大户等新型经营主体由"卖稻谷"向"卖大米"转变，将产业链的增值收益部分反馈给了种粮大户，有利于稳定种粮收入、稳定种粮积极性。

（2）为大米市场注入活力，促进更多省内居民吃上"浙江好大米"。目前，浙江省大米来源地以黑龙江、江苏、安徽等为主。本地大米价格高、品质没有优势，缺乏品牌打造、市场准入和销售渠道。支持种粮大户发展大米加工，能够打破外省大米垄断局面，让浙江人吃浙江米。

（3）为小农户提供代加工服务，提高农村粮食市场流通效率和安全水平。调研发现，大部分种粮大户愿意开展代加工服务，以增加服务性收入。支持种粮大户等发展大米加工，有利于丰富浙江省粮食供给的"毛细血管"，提高农村粮食市场流通效率和安全水平。

（4）有利于提升浙江省稻米品质，推动优质稻产业发展。种粮大户对周边村镇农户水稻种植品种知根知底，从"卖稻谷"向"卖大米"转变，就会主动按照市场需求组织生产适销对路的优质水稻品种，而对市场不欢迎的劣质品种拒收。

（二）水稻产加销一体化经营发展的制约因素

浙江省《关于促进粮油产业稳定发展的意见》中明确要鼓励和引导种粮大户等经营主体产加销一体化经营，但调研发现，水稻产加销一体化经营发展过程中还存在不少难题。

（1）综合品质高的优质稻品种缺少。在水稻生产方面，水稻品种多而杂，被市场认可的品种少；综合品质高的优质稻品种缺少，稻米品质不稳定。尽管浙江省嘉丰优2号获首届优质稻籼稻类金奖，稻米品种有了一定的提升，但是与东北米、苏米、皖米相比，浙江省大米价格和品质不具有明显的优势。

（2）优质稻品质形成与保全技术配套欠缺。目前，浙江省优质稻品种示范推广、配套的品质形成与保全技术（栽培、干燥、加工、贮藏等）研究不深，水稻品种"重选育轻提纯""重生产轻品质""重品种轻品牌"现象突出。种植主体虽然有一定种植经验，但远远达不到发展规模化、产业化优质水稻的技术要求。

（3）加工与贮藏设备落后，用地审批困难。目前，浙江省多数水稻产加销主体加工设备简陋，加工流程简单，缺少分级、精选、抛光、色选等先进的加工环节。此外，加工与贮藏用地是各地种植主体水稻产加销一体化发展的卡脖子问题。各地不少种粮大户希望能延长水稻产业链，发展大米加工，但是存放加工设备的设施用地审批还是存在难度。

（4）水稻产业人员老龄化，人员结构不平衡。发展加工的优质稻生产要求绿色有机，精耕细作，需要大量的劳动力，而目前水稻产业发展主体人员年龄偏大。此外，大多数经营主体缺乏年轻的营销、技术或管理人才，没有形成老中青合理的人员架构，在营销网络扩展与售后服务等环节存在限制。

（5）销售渠道少，品牌推广困难。目前，多数经营主体规模小，经济实力弱，加工能力不强，产业链条短，初加工产品多、深加工产品少，产品科技含量低、附加值不高。农产品经营者品牌意识差，不注重农产品的商标注册和保护。

（6）资金周转不便。种植主体发展水稻产加销产业初期，需要大量资金投入。同时，发展大米加工还面临贷款难问题，农发行贷款只针对大型企业，种粮大户贷款尽管有"粮农贷"，但额度较小，由于人工工资、化肥农药等贷款需求也很大，无法充分满足发展需求。

（三）措施建议

1. 全力打造浙江省大米加工"1+N"模式

（1）建立核心大米产后服务中心。按照能力适当、交通便利、合理布局的原则，扶持、引导地方在水稻生产集中连片区域，建立稻米加工中心，主要为周边种粮主体提供代烘、代储、代加、代销等产后综合服务。

（2）扶持发展小型大米加工。在部分优质大米产区扶持种粮大户购置小型精品大米加工设备，促进实现"卖稻谷"向"卖大米"转型，实行自产自销和服务周边小农户提高产业链增值收益。

（3）加强主体认证。根据各地不同稻米生产和市场消费能力，把带动小农户数量和成效作为重要依据，重点培育认定一批规模种粮主体，支持其开展产后服务中心建设。

2. 加大政策扶持

（1）加大用地保障力度。建议各市县在年度土地利用计划中安排一定比例，专项用于发展产加销一体化经营。鼓励利用存量建设用地发展大米加工。

（2）加大补贴支持力度。建议继续实施水稻产业提升项目，对经认定的种粮主体建设厂房、购置加工设备等给予不低于总投入 50% 的补贴，增强投资信心；加大对加工、贮藏设施补贴力度与补贴范围，提高品质大米加工水平。

（3）加大市场帮扶力度。建议工商、质量监督检疫检验等部门适度放宽对种粮大户申请质量安全认证的要求；鼓励各地对符合条件的种粮大户发放"小作坊证"，支持其参与政府竞标采购、进驻超市等；鼓励银行提高规模经营户信用贷款额度和贴息额度，延长还款期限。

3. 强化科技支撑

（1）加强高档优质稻品种选育。增加新品种选育专项投入，加快培育推广一批口感好、外观佳、有香味的高档优质稻品种，提升浙江米在浙江的好感度和消费水平。

（2）加大全产业链技术研发力度。从单纯的产中技术服务延伸到产前、产中、产后全程系列服务上来，从仅仅服务于粮食生产经营延伸到服务于整个粮食产业链的发展过程中，包括生产、加工、贮藏、运输、信息、营销等。

4. 加大宣传培训

（1）加大宣传引导。鼓励各地开办形式多样的"丰收节""大米节"等尝鲜活动，加大宣传力度，突出"优质、安全、新鲜"，大力提倡"本地人吃本地大米",让更多的浙江人吃上真正优质生态的本地大米。

（2）加强教育培训。在种植技术更新培训的基础上，加强对从事大米加工的种粮大户在信息获取、市场营销、贷款融资等方面知识的教育培训，提高其经营管理水平和市场把握能力，强化规模种植农户的产业链发展意识、品牌意识。

浙江省优质稻产加销一体化关键技术

（一）模式概况

近年来，种粮成本增加、价格下跌，导致种粮效益不断下滑，粮食种植面积不断减少，粮食安全受到挑战。支持具备一定生产规模和经营能力的粮食生产新型经营主体延长产业链，推动其由"卖稻谷"向"卖大米"转变，不仅能够增加产业链增值收益，提振种粮信心，也能为周边小农户提供产后综合服务，促进小农户与现代农业发展有机衔接，将产业链增值收益尽可能留在农村内部、留给农民，进一步稳定粮食生产面积，保障粮食安全。浙江省优质稻产加销一体化关键技术 2021 年在浙江全省示范推广面积74.8 万亩，规模种粮主体销售品牌大米比销售稻谷预计每亩可增加效益 446.24 元。

（二）主要优势

优质稻产加销一体化模式推动了浙江省规模种粮主体选择适宜的优质品种，采用绿色的生产管理方式，进一步延长水稻产业链，打造自己的稻米品牌，改变了原本仅靠"卖稻谷"增加生产效益的模式，获得了产业链的增值收益部分，有利于增加种粮收入、提高种粮积极性、稳定粮食生产。同时，规模种粮主体通过本技术发展水稻产业化，把当季新鲜稻谷加工后直接推向本地市场，能够让浙江人吃上浙江本地产的优质米，符合当前市场对于优质新鲜绿色农产品的消费要求。

（三）技术要点

1. 选择适宜的优质晚稻品种

根据当地气候生态条件和种植制度，选择适宜的优质稻品种。常规粳稻可选择嘉禾 218、嘉禾香 1 号等；籼粳杂交稻可选择甬优 15、嘉丰优 2 号、禾香优 1 号等；杂交籼稻可选择中浙优 8 号、泰两优 217、泰两优 1332 等。

2. 机械化种植

机插栽培是优质稻生产的适宜栽培方式，可选用毯苗机插或钵苗机插。

3. 合理施肥

优质稻生产施肥要少施氮肥，多施有机肥，以限氮、增磷、保钾、补硅为原则平衡施肥，主要控制后期氮肥使用量，化肥施入的比例越高，稻米的食味品质越差。

4. 科学用水

优质稻生产需采用净水灌溉，做到前期防止干旱，后期避免断水过早，灌浆成熟期干湿适宜，黄熟期排水晒田促进成熟，收割时田间无水。

5. 适期收获

当稻谷 90% ～ 95% 黄熟时收获，收获太早，成熟度差，大米外观和食味品质会变差，收获太迟，谷粒干枯，同样会影响外观和食味品质。注意错开阴雨天气，在晴天时抢收。

6. 科学烘干

需加工的优质稻烘干可选择自然干燥或者低温烘干、慢速升温的方式进行，烘干温度建议在 50℃以下。

7. 合理贮藏

环境相对温湿度对稻谷品质的影响较大，建议在贮藏过程中，相对湿度控制在 65% 以下，短期贮藏，温度控制在 15℃以下；长期贮藏，温度控制在 5℃以下。

8. 适度加工

加工前做好稻谷清理，加工过程中按要求控制好加工精度，同时要去除碎米等异粒米；建议适度抛光，可轻抛或少抛，去掉粒面的糠粉即可。

9. 注意事项

根据不同生态区域，要选择合适的优质稻品种，根据不同品种特性，科学做好栽培管理。

典型稻区优质稻高产高效栽培技术模式

（一）浙北稻区优质稻高产高效栽培技术模式

优质稻品种以禾香优 1 号为例。

1. 种子灭菌

采用当地农业农村部门推荐的药剂浸种防治恶苗病，注意药液充分拌匀，种子不露出药液面。捞起种子直接催芽，催短芽后摊种炼芽半天播种。

2. 适期播种，合理密植

浙北地区小麦茬口宜适当早播，播种过早，抽穗扬花易遇高温而影响结实率；直播栽培播种时间一般在 6 月上旬，最迟播种期控制在 6 月 15 日；机插播种时间在 5 月下旬至 6 月上旬，育苗秧龄为 15～20 d。禾香优 1 号为大穗型品种，分蘖力中等偏弱，移栽种植应适当密植，行株距以 25 cm×15 cm 为宜，每穴插 2 株（图 4-1）。

图 4-1　适期播种，合理密植

3. 科学肥水管理

科学施肥：禾香优 1 号分蘖力中等偏弱、穗大、灌浆期较长，注意合理施用氮肥促早发，配施磷、钾肥。加强水分管理和控制穗肥施用以提高籽粒饱满度，每亩氮肥总用量折纯氮 12.5 ～ 15 kg，配施氯化钾 10 kg、过磷酸钙 30 ～ 40 kg。过磷酸钙作底肥施用，一般基肥和蘖肥宜占总氮肥量的 80%。穗肥宜采用尿素，视苗势酌情施用，切忌过迟过重（图 4-2）。

图 4-2　肥水管理

合理灌水：直播栽培秧苗2叶1心前保持田面湿润；2叶1心后灌浅水促分蘗。机插栽培注意浅水插秧减少浮苗，移栽后适当深水护苗。8月中旬排水搁田，多次轻搁，忌迟烤重搁。孕穗前后田间宜保持浅水层。开花期遇35℃以上高温应及时灌深水，防止高温引起结实率下降。灌浆期干湿交替灌溉，以提高充实度。收割前1周断水，防止田间长期淹水和断水过早。

4. 病虫草害防治

根据当地病虫害预测预报，重点做好螟虫、卷叶螟、稻虱、纹枯病、稻曲病的防治工作。7月中旬和8月中下旬注意防治纹枯病，药剂可采用满穗等。由于该品种穗形较大，着粒密度较高，因此，要加强稻曲病的防治，在主穗剑叶抽出30%左右时，及时采用拿敌稳、爱苗等药剂进行防治（图4-3）。

图4-3　病虫草害防治

（二）浙东稻区优质稻高产高效栽培技术模式

优质稻品种以甬优15为例。

1. 种子处理

晒种：播前1～2 d将稻种平铺在地上，均匀推开，晒种1 d，并用清水漂洗去除漂浮瘪谷和其他杂质。

浸种：采用当地农业农村部门推荐的药剂浸种 36～48 h，促进种子萌发，控制恶苗病等病菌。

催芽：将吸足水分的稻种冲洗后沥干，堆放到麻袋上，堆叠高度 15～30 cm，包裹农膜、秸秆等覆盖物，实现保温保湿的作用。露白前保持温度 35～38℃，不超过 40℃。露白后应及时翻堆淋水，降低温度，保持稻种 25～30℃。随时注意稻种温度变化，防止温度过高烧种，影响发芽率。或在催芽机等设备内进行催芽。一般催芽至 90% 左右稻种破胸露白，然后晾干即可上播种流水线播种（图 4-4）。

图 4-4　种子处理

2. 播种与移栽

播种时间：播种时间一般在 5 月下旬至 6 月上旬。因浙东地区特殊的气候特点，宜根据品种播齐日期和当地安全齐穗日期倒推播种期。尽量将抽穗、开花等关键时期安排在 9 月上旬。

播种量：机插推荐亩用杂交水稻干种子 1.5 kg，播于专用育秧盘，每盘干种子 60～70 g；每亩大田用秧量在 20～22 盘。

大棚管理：播种后视秧盘内基质的干燥程度早晚各喷洒 1 ～ 2 次，每次以浇透水为度，直至移栽；每天视棚内温度及时掀膜通风，棚内温度不超过 30℃ 为宜；当秧苗 3 叶 1 心时每亩用尿素 10 kg，移栽前 3 ～ 4 d 施起身肥，亩用尿素 15 kg。

移栽：秧龄在 22 ～ 27 d，叶龄 3 ～ 4 叶，苗高 15 cm 左右时移栽。种植密度为 25 cm × 18 cm，亩插 14 000 丛左右（图 4-5）。

图 4-5　移栽

3. 肥水管理

施肥：采用"一基一追"的施肥原则。在基施有机肥的基础上，加施一定量的氮、磷、钾化肥。亩基肥用量 N、P_2O_5、K_2O 分别为 6 ～ 9 kg、3 ～ 5 kg、1.5 ～ 2.5 kg；移栽 5 ～ 7 d，选用尿素和氯化钾。亩追施 N 和 K_2O 分别为 6 ～ 9 kg、6.5 ～ 9.5 kg。

灌溉：移栽后 3 d 内保持 3 ～ 5 cm 水层；返青后至分蘖末期（移栽后 25 ～ 30 d），田内保持 1 ～ 3 cm 的浅水层；分蘖末期适时搁田。搁田标准是田边略发白开小裂，田内不陷脚。幼穗分化开始复水至 3 cm 的浅水层，直至抽穗扬花灌浆，后干干湿湿，成熟收割前 10～15 d 排干田内积水，便于收割（图 4-6）。

图 4-6　田间管理

4. 病虫害防控

禁止使用高毒高残留农药。根据当地农业农村部门"病虫情报"或农资经营部门的防控意见，适时合理选用对口农药进行病虫害防控。虫害防控以物理防控与化学防治相结合，种植区四周安装杀虫灯和性诱剂，并种植诱集植物，集中诱杀成虫，降低虫口基数，减少用药次数。虫害做好二化螟、大螟、稻纵卷叶螟和稻飞虱的防治工作。病害主要做好水稻白叶枯病、稻瘟病、稻曲病和纹枯病的预防工作。

5. 适期收获

当稻壳 90% 以上发黄、米粒转白光泽、谷粒硬实不易破碎，此时为水稻的适宜收割时期，应及时收获。注意错开阴雨天气，在晴天时抢收（图 4-7）。

图4-7 收获

6. 抗台防涝措施

如遇台风暴雨，应对受淹田块抓紧清沟排水。灾后如遇阴雨天可将积水一次性排干；如遇晴热天气，避免一次性排尽田水，要保留田间 3 cm 左右水层，防止高强度的叶面蒸发导致植株生理失水而枯死（图4-8）。

图4-8 抗台防涝

病虫害控制：在台风来临前 2 ～ 3 d，用噻唑锌、噻菌铜等细菌性杀菌剂提前预防 1 次，防止灾后白叶枯病等细菌性病害大暴发。台风暴雨摧残后水稻叶片破损，要及时用药预防白叶枯病、细菌性条斑病等细菌性病害，受淹稻田要重点防范。加强对稻瘟病、螟虫、稻飞虱、稻纵卷叶螟等病虫害的监测，根据病虫情报及时开展防控。

肥料补施：受淹后，稻田肥料流失较多，植株生长活力下降。退水后可根据稻苗长势适当补施肥料，加快恢复生长。对淹水深、时间长的田块，台风过后，可先用磷酸二氢钾等叶面肥进行叶面喷施，以增强抗性，待根系适度恢复生机后再适量追施化肥。

（三）浙中稻区优质稻高产高效栽培技术模式

优质稻品种以中浙优 8 号为例。

1. 精量播种，培育壮秧

根据中浙优 8 号的生育特性，在丽水市海拔 500 m 以下作单季稻种植，于 4 月下旬至 5 月初播种，大田亩用种量 400 ~ 500 g。秧龄一般在 25 d 左右，高产攻关田秧龄 20 d 左右。由于该地区 6 月下旬已进入高温期，此时插种易加剧高温败苗，影响返青及分蘖。提倡半旱育秧，插秧前 3 d 施好起身肥，插秧前一天防治一次卷叶螟、稻飞虱、蓟马等害虫，做到带药落田（图 4-9）。

图 4-9　播种，壮秧

2. 合理密植

单本移栽种植密度一般每亩 8 000 ~ 10 000 丛，采用 30 cm×

20 cm 或 27 cm × 23 cm 的种植方式，单本插。若土壤肥力水平较高、播种较早、秧龄较短适当稀植，反之则应适当提高种植密度（图 4-10）。

图 4-10 合理密植

3. 有机无机肥结合

根据中浙优 8 号的需肥特性定量施肥，结合山区单季稻生育期长的特点，一般亩施用 25% 有机无机水稻专用肥 60 kg 左右作基肥，移栽后 5～7 d 结合大田除草亩施尿素 5 kg 左右，加氯化钾 15 kg 左右。看苗施穗肥，倒 2 叶露尖时亩施用尿素 5 kg 左右。水稻长势健壮，尽量少施，可保证稻米品质，并防止后期披叶倒伏（图 4-11）。

图 4-11 肥料

4. 浅湿灌溉

水稻移栽后灌深水护苗，一周后结合第一次追肥，采用层水灌溉促发分蘖，待自然落干后保持田间湿润，采用无水层灌溉，以促进根系和分蘖生长；当总茎蘖数达到计划穗数的 80% 时，适时适度搁田，控制无效分蘖；进入拔节孕穗期后，采用浅灌勤灌，干湿交替；抽穗期至灌浆初期植株需水量较大，保持薄水层灌溉；灌浆中后期干湿交替以促进壮秆壮根形成，增强植株抗病虫、抗倒伏能力；乳熟期防断水过早，以保证青秆黄熟促高产（图 4-12）。

图 4-12　移栽后管理

5. 预测预报，控制病虫

根据病虫预测测报及田间病虫害发生趋势，把握时机，及时防治。重点抓好卷叶螟、稻飞虱等二迁害虫为主的病虫防治，对稻飞虱的防治不但要掌握适时，且要适当增加用水量。在破口期注意稻曲病的防治（图 4-13）。

图 4-13 病虫害防治

（四）浙南稻区优质稻高产高效栽培技术模式

优质稻品种以泰两优 217 为例。

1. 药剂浸种

采用当地农业农村部门推荐的药剂浸种 36 h，药液需充分拌匀，种子不露出药液面，浸种期间加空气泵增氧更好。

2. 适期播种

浙南山区一般于 4 月下旬至 5 月初播种，平原地区一般于 6 月中旬播种，播种偏早，由于泰两优 217 感温性较强，会在 9 月初抽穗，此时温州平原地区气温较高，昼夜温差小，灌浆较快，影响品质，而且受台风影响也大，白叶枯病也会加重。如果偏迟播种，营养生育期缩短，影响分蘖与成穗，虽然也能安全齐穗，但成熟期推迟，影响产量和品质。

3. 培育壮秧

机插秧选用育秧基质叠盘育秧，播种量为 60 g 干种 / 标准硬秧盘，亩用种子 1.2 kg。种子经浸种催芽，露白即可机械流水线播种，叠盘齐苗后移置秧田，湿润育秧，秧龄 20 d 左右机插移栽，期间视情况喷施多效唑控制苗高（图 4-14）。

图 4-14　培育壮秧

4. 合理密植

机栽秧采用 30 cm × 18 cm 的栽植密度中档取秧进行机栽。由于泰两优 217 分蘖较强，栽植过密，容易庇荫，无效分蘖增多，易发病虫害，也会影响米质。栽植过稀，植株补偿分蘖多，致使出穗不齐，影响灌浆，也会降低米质（图 4-15）。

图 4-15　合理密植

5. 科学肥水管理

施肥原则为控氮稳磷增钾，亩施纯氮 11 kg，$N : P_2O_5 : K_2O$ 约为 1:0.5:1，可采取机插秧侧深施肥控缓肥技术，一般为"一基一追"施肥法，移栽后 7 d 左右亩施 10 kg 尿素、10 kg 钾肥，后期不施氮肥。

科学管水，前期保持浅水，掌握"寸水返青、够苗搁田"原则，孕穗抽穗期保持水层，中后期灌浆则采取"干湿交替"原则，湿润灌浆，以水调气养根保叶，防止断水过早，一般在收割前 7～10 d 断水为宜。

6. 病虫害防治

病虫害防治应根据当地植保部门发布的病虫害情报，结合田间实际情况，综合统一防治，采用无人机与人工喷雾相结合方式。近几年，温州细菌性病害较重，台风或强降雨后要及时防治 1～2 次，对于已发病田块或区域要重点防治，可选用噻唑锌、噻森铜和噻霉酮进行轮换防治。对稻纵卷叶螟要在卵孵—低龄幼虫高峰期施药。稻飞虱要对准稻丛基部喷雾，可用吡蚜酮、呋虫胺、三氟苯嘧啶轮换防治。治虫时保持田间水层，防治稻纵卷叶螟和细菌性病害时要用细喷雾，用足水量，以提高防治效果（图 4-16）。

图 4-16　病虫害防治

7. 收获

当85%谷粒黄熟时收割为宜,收割前7～10d开始排水晒田,以保证收割机能顺利进入稻田。在85%的稻穗进入黄熟期时收割,泰两优217的齐收期以40～45d为宜,此时稻谷含水量25%左右,过迟收割影响米质(图4-17)。

图4-17 收获

五

省级绿色优质粮食产加销一体化示范基地

（一）瑞安市金川高山有机稻米专业合作社

主体情况简要介绍：基地位于瑞安西部山区林川镇杜山、山林村等。基地生态环境优良，平均海拔 600 多米，最高海拔 907 m，日夜温差大；路沟渠等田间基础设施基本齐全，具备相对独立的排灌系统且能采取有效措施保证所用的灌溉水不受禁用物质的污染，满足有机水稻生产温度、光照和灌溉水条件。2009 年，在当地政府的积极推动下成立了金川高山有机稻米专业合作社，入社社员 150 多户，注册"川和"牌商标，合作社严格按照有机稻米标准组织生产，当年"川和"牌高山梯田稻米获得有机食品认证。由于效益显著，有机稻米生产基地面积从 2009 年 420 亩发展到 2022 年 1 000 亩左右。合作社有专门的稻米加工车间，配备碾米机、色选机和包装机等加工流水线 1 条，稻米加工环境符合《食品生产通用卫生规范》（GB 14881—2015）的规定。基地有配套的管理用房，占地 500 m²，可用实际面积 1 000 m²，主要用于稻谷仓储、稻米加工、包装等，系省级绿色优质粮食产加销一体首批示范基地。2019 年，该基地生产的"泰两优 217"参加浙江好稻米评选活动并荣获"2019 浙江好稻米金奖"，实现温州市零的突破。2022 年，该基地生产的"嘉科优 11"又一次荣获"2022 浙江好稻米金奖"（图 5-1 至图 5-2）。

图 5-1　生产基地

图 5-2　加工设备

示范基地地点：瑞安市林川镇金川粮食生产功能区。

粮食作物种类：水稻。

粮食种植面积：1 275亩。

自有粮食加工面积：500亩。

订单粮食加工面积：1 100亩。

种植品种：中浙优8号、泰两优217、泰两优1332、嘉丰优2号、嘉科优11。

种植模式及绿色生产技术：基地常年种养模式以稻—绿肥、油菜—稻、稻鳅共育模式为主，全域采用水稻两壮两高、测土配方施肥、病虫害综合防治等主推技术，覆盖率达100%。水稻种植底肥使用有机肥，有效减少化肥的使用，增加土壤有机质，提高水稻口感，同时，建立绿色防控示范区，在水稻生产期开展绿色防控，使用性诱剂、种植显花植物、田间留草、放养寄生蜂、人工拔草等各项技术集成。根据田间病虫害调查，稻瘟病、纹枯病、稻曲病是当地主要病害，稻飞虱、稻纵卷叶螟、二化螟是当地主要虫害。近年来，采取农业、物理、生物等综合技术措施进行病虫害防治。一是推行水稻—绿肥轮作种植模式。选用抗病、生育期适宜品种，适时播种，水稻重要生育进程避开稻飞虱、稻纵卷叶螟和二化螟等病虫高发期，集中连片种植，减少二化螟桥梁田。采用培育壮秧、合理密植等健身栽培措施，改善田间通风透光条件，减轻稻瘟病和纹枯病发生；合理施肥增强水稻抗病虫能力，减轻病虫为害；低茬收割，降低稻桩高度，开展秸秆粉碎，减少越冬螟虫基数，翻耕灌水杀蛹。二是生态调控。在稻田机耕路两侧种植诱虫植物香根草，丛间距3～5 m，诱集螟虫成虫产卵，减少螟虫在水稻上的落卵量，减少对水稻的为害。田埂种植芝麻、大豆或撒种草花等显花植物。三是生物防治。利用及释放天敌（赤眼蜂等）控制有害生物的发生；同时保护天敌，严禁捕杀蛙类，保护田间蜘蛛；通过选择对天敌杀伤力小的低毒性农药，避开自然天敌对农药的敏感期，创造适宜自然天敌繁殖的环境。一般是利用生物杀虫剂和生物杀菌剂防治部分病虫害，二化螟选用 8 000 ～ 16 000 IU/mL 苏云金杆菌悬浮剂 100 ～ 400 mL/ 亩进行防治，稻纵卷叶螟、稻飞虱用 80 亿孢子 /mL 金龟子绿僵菌 60 ～ 90 mL/ 亩等防治，纹枯病、稻曲病等用 5% 井冈霉素水剂 200 ～ 250 mL/ 亩进行防治。四是杂草防控。生产基地内不使用除草剂，主要采用生态生物防控、机械物理防控，采用人工拔草、借助工具耧耙、鸭子等防控包括稗草、鸭舌草、四叶萍、牛毛毡、眼子菜、节节菜等杂草。

自有加工能力：5 t/ 日。

销售情况：注册商标为"川和"，拥有食品生产许可证。大米价格在 16 ～ 30 元 /kg，通过企业福利、政府扶贫、线上团购、线下展销等形式销售，主要销往邮政、银行、企业以及市域内新老顾客。年销售量在 300 t 左右，利润 120 万元。

（二）德清星晴家庭农场有限责任公司

主体情况简要介绍：该主体是德清县粮油产业的领跑者，承包种植面积 1 100 亩，2022 年新增烘干生产管理用房以及碾米加工设备，真正意义上实现优质米产加销一体化。近年来，与中国水稻研究所、浙江大学、浙江省农业科学院、浙江勿忘农种业股份有限公司深入开展产学研合作，引进"三新技术"开展示范推广。该农场 80 后"粮二代"理事长沈煜潮，从 2008 年开始接管父亲的粮油事业，开展稻麦油种植，为取得良好的经济的效益，成功探索推广了"稻鸭共育"模式，进一步延长稻米产业链及附加值（图 5-3 至图 5-6）。

图 5-3　生产基地

图 5-4　种植模式

图 5-5　加工基地

图 5-6　产品

示范基地地点：德清县新安镇下舍村粮食生产功能区。

粮食作物种类：水稻、小麦。

粮食种植面积：1 100 亩。

自有粮食加工面积：500 亩。

订单粮食加工面积：1 100 亩。

种植品种：南粳 46、浙禾香 2 号、嘉禾香 1 号、嘉 67、嘉禾218。

种植模式及绿色生产技术：种养模式以麦—稻、油菜—稻、稻鸭共育模式为主，全域采用水稻两壮两高、测土配方施肥、病虫害综合防治等主推技术，覆盖率达 100%。水稻种植底肥使用有机肥，有效减少化肥的使用，增加土壤有机质，提高水稻口感，同时建立绿色防控示范区，在水稻生产期开展绿色防控，通过使用性诱剂、种植显花植物、田间留草、放养寄生蜂、人工拔草等各项集成技术的应用，化学农药用量减少 30% 以上，2017—2021年平均每年使用农药 3 次，比常规防治区域减少了 2 次，平均每亩成本减少 135 元，用药量减少的同时，稻米品质大幅提升。

自有加工能力：5 t / 日。

销售情况：商标为"素凡悠香"，拥有食品生产许可证。大米价格在 6～8 元 /kg，稻田鸭 120 元 / 只，通过企业福利、政府扶贫、线上团购、线下展销等形式销售，主要销往银行、企业以及县域内新老顾客。年销售量在 260 t 左右，利润 80 万元。

（三）德清县新市镇岳云家庭农场

主体情况简要介绍：该家庭农场成立于 2015 年，总资产 500多万元，拥有设施管理用房 1 500 m²，各类农机设备 30 台（套），烘干设备 8 台，进口碾米机 1 台。2020 年评为省级示范性家庭农场。

家庭农场生产的大米 2016 年评为"无公害"大米，2018—2019 年连续两年评为"浙江省好稻米"金奖，2019 年通过"有机大米"认证。为更好发展壮大粮油产业，该家庭农场通过产加销一体化、晚稻小龙虾、股制分红等模式，以市场需求导向，分类销售，拓宽经营、销售渠道，不断提高农场的经济效益以及社会效益（图 5-7 至图 5-10）。

图 5-7　生产基地

图 5-8　种植模式

图 5-9　加工基地

图 5-10　产品包装

示范基地地点：新市镇谷门村粮食生产功能区。

粮食作物种类：水稻。

粮食种植面积：2 520 亩。

自有粮食加工面积：1 500 亩。

订单粮食加工面积：1 000 亩。

种植品种：春优 167、甬优 1540，南粳 46、春优 83、浙优 18。

种植模式及绿色生产技术：采用稻麦（油）轮作、晚稻小龙虾等模式，杂交晚稻每亩产量在 800 kg 以上，常规晚稻每亩产量在 600 kg 以上。种植过程中在选用优质稻米品种的基础上通过化肥农药减量、有机肥使用、绿色防控等技术，提高稻米品质，其中，绿色防控技术到位率 100%，比常规防治区域减少了 2 次，平均每亩成本减少 130 元，作物病虫害为害损失率 4.2%，2021 年被认定为省级绿色防控示范区，2020 年开展晚稻小龙虾模式，化肥用量减少 50%，农药用量减少 20%，稻田有机质得到提高，亩效益提高 2 500 元，2021 年被认定为省级稻渔种养示范基地，在全县起到了良好的带头示范作用。

自有加工能力：30 t/ 日。

销售情况：家庭农场自有商标"钦糯""云希大米"，拥有食品生产许可证，有稳定的销售渠道。大米价格在 6 ～ 40 元 /kg，作为伴手礼、企业福利、政府扶贫形式销售，主要销往银行、企业、高端小区以及周边农户。年销售量在 450 t 左右，利润 90 万元。

（四）嘉兴市秀洲区王店元五家庭农场

主体情况简要介绍：农场承包稻田 1 000 亩，其中，稻虾混养 480 亩，拥有植保无人机、旋耕机、收割机、打捆机等机械设备 8 台。农场亩产水稻 650 kg，小龙虾 120 kg，加工虾田稻米 5 万 kg，年度总产值 350 多万元，亩均效益 2 500 元。加工生产的虾田稻米，注册商标名为"谷秀园"，获得绿色食品认证，被评为 2021 禾城好米金奖。农场内部管理机制健全，分工明确，运营规范，先后被评为浙江省稻渔综合种养示范基地、浙江省水产健康养殖示范场、浙江省绿色科技示范基地、2022嘉兴示范性家庭农场，并连续多年被评选为"王店镇十佳优秀农业主体"（图5-11至图5-13）。

示范基地地点：嘉兴市秀洲区王店镇建南村。

粮食作物种类：水稻。

粮食种植面积：1 000亩。

自有粮食加工面积：100亩。

种植品种：南粳46、秀水14、秀水121。

种植模式及绿色生产技术：农场选用株高适中、产量高、抗性好、米质优的品种，采用机插疏植稀栽，主推有机肥替代化肥和水稻机插侧深施肥技术，结合秸秆还田和稻虾综合种养模式等化肥减量增效新技术应用，采用安装太阳能杀虫灯和诱捕器、种植显花植物和香根草等绿色防控措施，有效减少化肥使用和化学防控，提升稻米品质。

销售情况：农场自有商标"谷秀园"，有稳定的销售渠道。主要销往附近居民和商超市场，年销售量在50 t左右。

图5-11　生产基地

图 5-12 生产基地

图 5-13 生产基地

（五）浙江日月农业股份有限公司

主体情况简要介绍：企业占地面积 6 亩，注册资金 1 000 万元，固定资产 650 万元，建筑面积 3 500 m²，是专业从事粮食种植、生产、销售于一体的市级龙头企业。企业拥有 1 套国内先进生产设备，其中，包括全自动化包装机、机械臂；自有日产量 150t 的生产

流水线；日烘干能力 500t 的稻谷烘干设备。2018 年，公司在首届
"2018 禾城好米"评选中获得金奖和最佳人气奖；2019 年，在特优
农产品展销中获得金奖；2020 年，获批星创天地；2021 年，被授予
省级放心粮油示范企业、获浙江好稻米优质奖（图 5-14 至图 5-16）。

图 5-14　生产基地

图 5-15　加工基地

图 5-16　加工基地

示范基地地点：嘉兴市秀洲区新塍镇思古桥村。

粮食作物种类：水稻。

粮食种植面积：3 000 亩。

自有粮食加工面积：3 000 亩。

订单粮食加工面积：5 000 亩。

种植品种：甬优 1540、甬优 15、南粳 46、秀水 14、秀水 121。

种植模式及绿色生产技术：企业种植选用株高适中、产量高、抗性好、米质优的品种，田间科学管理、绿色种植，采用新型稻鳖综合种养模式，水稻全生育期利用鳖进行生态防控，不施化肥、不洒农药，质量安全得到有效保障。新技术新成果积极推进粮食产业化建设，以科技为依托，加强基地建设，建立稻米质量保证体系。积极为农户提供各种服务，引导农民种育优良品种，科学种植，规范管理，充分发挥了龙头企业的带动作用。

自有加工能力：150 t／日。

销售情况："铭宇"是企业的商标，已被评为市、区级著名商标，有食品生产许可证，有稳定的销售渠道，主要销往益海嘉里金龙鱼粮油食品股份有限公司和浙江省粮食集团有限公司，年均销量 15 000 t。商标"玉穗丰"准备做企业的品牌系列。

（六）嘉善县农星植保专业合作社

主体情况简要介绍：该合作社自 2008 年成立以来，主要开展水稻绿色生态栽培，依托嘉兴市农业科学研究院优质水稻新品种的选育与引进，中国水稻所指导的精确定量施肥技术，提高了水稻的产量和质量。在浙江省科技特派员驿站团队的指导下，引进示范了"真打粮"叶面肥及富硒稻米、功能性稻米、血糯黑香米、营养稻米开发。2019 年开始展示水稻可降解膜机插栽培技术，配套生态防控与生物防治病虫害方法，水稻全生育期不施用化学除草剂、化学农药、增施羊粪有机肥、减少化肥使用量，采用低温烘干设备、恒温储存，提高稻米品质，深受消费者欢迎，实现了优粮优储、优质优价，增加了水稻种植亩均效益。2022 年，该基地生产的"浙禾香 2 号"荣获"2022 浙江好稻米金奖"（图 5-17 至图 5-19）。

示范基地地点：嘉善县西塘镇星建村。

粮食作物种类：水稻、小麦。

粮食种植面积：1 200 亩。

种植品种：浙禾香 2 号、嘉禾香 1 号、秀水 121。

种植模式及绿色生产技术："蛙蛙响"牌软香粒大米常年以"麦—稻、绿肥—晚稻"种植模式，选用嘉兴市农业科学研究院新培育的秀水系列优质品种，将自然优势和科学种植加以整合，把传统耕作方式和健康理念相结合，全程采用水稻精确定量栽培技术，施用腐熟羊粪和优质缓释肥料，运用叠盘暗出苗机械化育插秧技术，全生物可降解黑膜蔽草机械化插秧，稻苗生长过程病虫害防治采用生态防治、生物防治和传统人工防治相结合，田边种植向日葵、硫华菊、百日菊、香根草等诱虫蜜源植物，安装性诱器、太阳能杀虫灯等智能硬件，部分杂草利用人工拔除。实现真正从育种、育秧、田间管理到收割全程不施用农药、除草剂，采用了低温烘干、储存保鲜大米技术，提高稻米品质，实现了优质优价。

自有加工能力：10 t/ 日。

销售情况：拥有商标"蛙蛙响""胥匠"双商标，商品名"软香粒大米"，有食品生产许可证，大米价格有 6 ～ 8 元 /kg、绿色稻米 15 元 /kg。

销售渠道：企事业食堂、线上团购、职工福利、农村垃圾分类积分奖励等，年销售量达 300 t。

图 5-17　生产基地

图 5-18　加工基地

图 5-19　产品

（七）海盐华星农场

主体情况简要介绍： 该主体为海盐县粮油产业的领跑者，流转土地 1 100 亩，主要采用"水稻—小麦"种植模式，综合示范应用水稻精确定量、两壮两高栽培、水稻侧深施肥、病虫害绿色防控等技术，采用标准化生产优质无公害稻米。基地承担了省（市）诸多试验示范项目，成为省级超级稻高产攻关示范方、省级绿色防控示范区、省级农业科技示范基地、嘉兴市水稻产业综合科研示范基地，连续获得省（市）优秀种粮大户、示范性家庭农场、科技示范户等荣誉。华星农场建有水稻育秧中心、粮食烘干中心、稻米加工中心和农机服务中心四大社会化服务中心，广泛为周边农户提供育秧、机插、机收、烘干、统防统治等社会化服务。该农场负责人许玉君从 2017 年开始尝试稻虾综合种养模式，目前，已扩大至 300 多亩，水稻产量 510 kg/ 亩，小龙虾产量 140 kg/ 亩，亩均产值 6 000 元，在稻虾综合种养模式的摸索与示范推广中作出突出贡献。2022 年，该基地生产的"浙禾香 2 号"荣获"2022 浙江好稻米金奖"（图 5-20 至图 5-21）。

图 5-20　生产基地

图 5-21　加工基地

示范基地地点：海盐县武原街道华星村粮食生产功能区。

粮食作物种类：水稻、小麦。

粮食种植面积：1 100 亩。

自有粮食加工面积：0 亩。

订单粮食加工面积：0 亩。

种植品种：嘉67、秀水香1号、浙禾香2号、甬优1540。

种植模式及绿色生产技术：常年来种养模式以麦稻、稻虾综合种养模式为主，全域采用水稻两壮两高栽培技术、优质稻产加销一体化关键技术、水稻侧深施肥技术等主推技术，主推技术覆盖率达到100%，通过使用水稻精确定量技术、稻—小龙虾轮作绿色种养技术，稻虾田中化肥、农药分别减量45.5% 和88.5%。

自有加工能力：30t/ 日。

销售情况：商标为"武原牌"；拥有食品生产许可证。大米价格在7元/kg，小龙虾价格在40元/kg，通过企业福利、政府扶贫、线上团购、线下展销等形式销售，主要销往银行、企业以及县域内新老顾客。年销售粮食1 000 t，小龙虾30t，利润60 余万元。

（八）桐乡市石门湾粮油农业发展有限公司

主体情况简要介绍：公司成立于2019 年1 月，位于春丽桥村宋家埭组，由桐乡市石门镇9 个村抱团入股组成。共有农户8 000 余户，基地面积15 000 亩。现有智能化集中育供秧中心2 个、粮食烘干中心4 个、粮食加工中心3 个、自动化加工米厂1 个，拥有各类农机80 多台（套），日烘干稻谷能力560t，日加工大米能力150t。合作社内部管理机构健全，分工明确，有栽培组、植保组、机械操作组、市场营销组。公司前身为桐乡市兴农粮油农机专业合作社，2010 年浙江省示范性农民专业合作社，2013 年被评为全国农机合作社示范社（图 5-22 至图 5-24）。

图 5-22　生产基地

图 5-23　加工基地

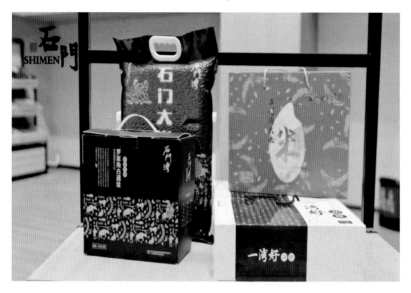

图 5-24 产品

示范基地地点：桐乡市石门镇春丽桥村。

粮食作物种类：水稻。

粮食种植面积：15 000 亩。

自有粮食加工面积：15 000 亩。

订单粮食加工面积：5 080 亩。

种植品种：甬优 1540、嘉 67、秀水香 1 号。

种植模式及绿色生产技术：采用稻—麦生态栽培模式，选用抗虫、抗病、抗倒性强、熟期适中的优质良种；实行标准化栽培；适度催芽，精细播种；平衡施肥，有机、无机结合、氮、磷、钾配合施用；合理灌溉；安装杀虫灯、性诱剂、诱虫色板等物理防控措施以及种植香根草、芝麻等，有效减少化学防控，提升稻米品质。

自有加工能力：150 t/ 日。

销售情况：合作社自有商标为"石门湾"，稻米产品通过绿色产品认证，有稳定的销售渠道，主要销往国家收储公司、石门全镇农户、供销社超市以及机关企事业单位食堂。年销售量在15 000 t左右。

（九）桐乡市石泾粮油农机专业合作社

主体情况简要介绍：公司成立于2007年8月，位于屠甸镇荣星村吕大坟东。共有社员107名，基地面积3 800亩。现有集中育供秧中心1个、粮食烘干中心3个、粮食加工中心1个，拥有各类农机50多台（套），日烘干稻谷能力240 t，日加工大米能力20 t。合作社内部管理机构健全，分工明确，有栽培组、植保组、机械操作组、市场营销组。本合作社为浙江省示范性农民专业合作社，目前正在申报国家级示范性农民专业合作社（图5-25至图5-26）。

示范基地地点：桐乡市屠甸镇荣星村。

粮食作物种类：水稻。

粮食种植面积：3 800亩。

自有粮食加工面积：3 800亩。

订单粮食加工面积：2 000亩。

种植品种：浙禾香2号、秀水121。

自有加工能力：20 t/日。

种植模式及绿色生产技术：采用插喷同步栽培模式，选用抗虫、抗病、抗倒性强、熟期适中的优质良种；实行标准化栽培；适度催芽，精细播种；平衡施肥，有机、无机结合，氮、磷、钾配合施用；合理灌溉；安装杀虫灯、性诱剂、诱虫色板等物理防控措施以及种植香根草、芝麻等，有效减少化学防控，提升稻米品质。

销售情况：合作社自有商标为"河坊人家"，拥有食品生产许可证，且大米、粽子、年糕等产品均通过绿色产品认证，有稳定的销售渠道。主要销往酒店、超市以及企事业单位食堂。年销售量在60t左右。

图 5-25　生产基地

图 5-26　产品

（十）绍兴市万国家庭农场有限公司

主体情况简要介绍：公司位于越城区皋埠镇吼山风景区南麓，采用稻—鳖共育生态种养模式 150 亩，拥有日加工大米能力 30 t 的稻米加工流水线 1 套，是集优质稻米生产加工，中华鳖、青虾等水产品生态养殖，水果、蔬菜等绿色农产品生产以及休闲观光为一体的稻渔综合种养休闲基地。2018 年相继创建成为绍兴市农作制度创新示范基地和绍兴市级美丽田园，并通过了无公害农产品认证。2020 年基地列入越城区职工疗休养基地和浙江省农业科学院实训基地。2021 年成为长三角健康农业研究院绍兴基地（图 5-27 至图 5-30）。

示范基地地点：越城区皋埠镇山前徐村。

粮食作物种类：水稻。

粮食种植面积：150 亩。

自有粮食加工面积：150 亩。

订单粮食加工面积：2 000 亩。

种植品种：嘉科优 11、嘉丰优 2 号、上师大 19 号。

种植模式及绿色生产技术：采用稻鳖共育生态种养模式，应用田间安装杀虫灯、性诱剂，稻田周边种植芝麻、香梗草等集成绿色防控技术。鳖为稻田松土，其粪便成为水稻田的肥料，稻田里的虫、蛙、螺、草籽等为鳖提供了天然饲料，既减少了稻田化肥、农药的使用，又培肥了土壤，实现种养双赢。

销售情况：公司自有注册商标为"收富鳖米"，拥有市场监督管理部门颁发的食品生产许可证，稻米加工能力 30 t/日。"收富鳖米"2017—2019 年连续 3 年荣获"浙江好稻米"金奖，2017 年荣获绍兴市首届"越乡好稻米"称号，2018 年相继获得"浙江省最好吃稻米"和"绍兴市最好吃稻米"。基地设有直销店，在浙江、上海、安徽等省内外农博会、农展会上大力推介中华鳖和大米，产品主要销往上海、杭州等大城市以及企事业单位食堂，年销售量稻米 500 t 左右。

图 5-27　生产基地

图 5-28　种植模式

图 5-29　加工基地

图 5-30　产品

（十一）绍兴上虞三丰富硒粮油专业合作社

主体情况简要介绍：合作社共有农户 529 户，基地面积 3 250

亩。现有设施用房5 336 m²，拥有各类农机80多台（套），日烘干稻谷能力560 t，日加工大米能力30 t。合作社内部管理机构健全，分工明确，有栽培组、植保组、机械操作组、市场营销组，2012年被评为省级示范社，2019年被评为国家级示范社。社长厉高中为高级农艺师，多次荣获"全国粮食生产大户""浙江省劳动模范""绍兴市劳动模范""绍兴市五星级种粮能手"等称号（图5-31至图5-33）。

图5-31　生产基地

图5-32　加工基地

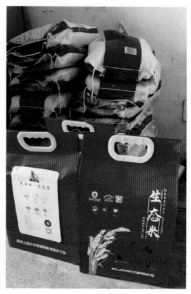

图 5-33　产品

示范基地地点：上虞区东关街道三丰村葫芦山。

粮食作物种类：水稻。

粮食种植面积：3 250 亩。

自有粮食加工面积：3 250 亩。

订单粮食加工面积：2 000 亩。

种植品种：甬优 1540、南粳 46、嘉丰优 2 号。

种植模式及绿色生产技术：采用稻—鸭共育和水稻病虫害绿色防控融合的生态种养模式，增施有机肥，安装杀虫灯、性诱剂、诱虫色板，种植香根草、芝麻等，有效减少化学防控，提升稻米品质。收割后采用低温烘干方式并采用现碾现送方式确保大米优质新鲜。2015 年，生产的稻米通过浙江省无公害农产品产地及产品认证，2017 年被评为绍兴市优质稻米生产示范基地。

销售情况：合作社自有注册商标为"壮老汉"，拥有市场监督管理部门颁发的食品生产许可证，稻米加工能力 30 t/日。"壮老汉"牌生态大米 2016～2021 年连续 6 年被评为"浙江好稻米""越乡好稻米"。有稳定的销售渠道，产品主要销往酒店、超市以及企事业单位食堂。在越城区设有直销店，年销售量在 1 000 t 左右。

（十二）义乌市飞扬农机服务专业合作社

主体情况简要介绍：义乌市飞扬农机服务专业合作社成立于 2007 年 6 月，注册资金 150 万元，注册成员 51 人，位于廿三里街道华溪村南侧，生态环境优越，以生产性功能为主，是一家集稻米产加销、农业创业孵化、生物科技研发、农业技术综合服务于一体的专业合作社。先后被评为"浙江省现代农业科技示范基地""浙江省最美田园""浙江省农民田间学校""浙江省高品质绿色科技示范基地""省级粮食生产功能区""省级信用体系 AAA 级农民专业合作社""省级示范性农民专业合作社""省级无公害农产品生产基地"、浙江省工商企业信用 AA 级"守合同重信用"单位、金华市"双强示范基地""金华市现代农业示范基地""义乌市青少年科普教育实践基地""义乌市中小学研学实践教育基地"、金华市及义乌市创业孵化基地等荣誉（图 5-34 至图 5-37）。

合作社现有流转水稻种植土地 8 700 余亩（义乌 2 200 亩、金华婺城区 6 247 亩、东阳 300 亩），现建有生产管理办公用房 1 200 m²、炼苗大棚 10 000 m²、工厂化育秧中心 253 m²，义乌基地 1 个 100 t 谷物批量烘干中心、金华基地 1 个 180 t 谷物批量烘干中心、1 个日产 60 t 优质大米加工中心、1 个 700 t 的全自动化储物粮仓中心、81 台现代化农业机械、1 个农业公共服务中心、1 个以农林废弃物为原料转化生物质颗粒厂。目前，合作社已两次完成省级水稻产业提升工程,核心区被认定为"省级粮食生产功能区"。

种植区采用温室技术培养高质稻米种苗、全程机械化生产技术、新型作物栽培技术、节水节肥生物防控等生产方式,种植安全、优质、高产、高效的品牌稻米。现有技术顾问 3 人,技术员 6 人,长期工人 85 人,服务周边农户 300 余家,与中国水稻研究所、浙江省农业科学院环境资源与土壤肥料研究所和浙江省农业科学院作物与核技术利用研究所 3 家单位签约技术服务合同。

重点打造的研学基地采用"体验 + 教育 + 实践"的模式,扎根粮食安全生产,紧紧围绕研学"理念是先导、课程是核心、教师是保证、安全是保障、支持是资源"的运营理念以及"规范运营、多元服务、区域推进、整体联动"的运营格局。

示范基地地点:义乌市廿三里街道华溪村。

粮食作物种类:小麦、水稻。

粮食种植面积:2 200 亩。

自有粮食加工面积:1 200 亩。

订单粮食加工面积:1 000 亩。

种植品种:金早 09、中早 39、甬优 15、甬优 1540 等。

种植模式及绿色生产技术:与中国水稻研究所合作,开展稻田土壤降酸、提质、培肥的定向改良技术研究,提高稻田土壤健康水平与稻米质量安全性能。义乌市农技推广服务中心提供技术帮扶,在水稻推广、节工省本技术等方面开展农业科技协作、在水稻高效管理期,以最小的投入对水稻生长发育进行有序的精准调控,实现效益最大化。技术要点:一是精确定量培育适龄壮秧、精确定量栽插基本苗,适时早播早插,带药下田。二是精确定量施肥,以限氮、保磷、增钾、补硅为原则平衡施肥,除了气候适宜,及时精准追施水稻穗肥也是重要因素。三是推广生物防控栽培技术。四是建立农产品安全追溯系统和"五定五包"责任制，即"定人、定点、定责、定效、定酬、包面积、包技术、包产量、包效益、包病虫防治"的措施，技术落实到个人，水稻生育期间各关键时期组织农业技术人员进行集中培训、田间指导。认真落实适时移栽、配方施肥、科学管水、病虫草害防治等技术要领，使水稻生产形成了"品种良种化、种植规范化、管理科学化"的格局。2022年8月合作社理事长虞东红获浙江省农业农村厅颁发的"浙江省农业技术推广贡献奖"证书。

自有加工能力： 60 t/ 日。

销售情况： 注册商标为"华溪谷"，稻米以 6.4 ～ 30 元 /kg 的价格销售，2021 年销售 1 100 t，2022 年销售 1 300 t，以社区团购、消费者上门购买为主、电子商务销售为辅。

图 5-34　生产基地

图 5-35　加工基地

图 5-36　加工基地

图 5-37　产品

（十三）义乌市义宝农庄

主体情况简要介绍：义乌市义宝农庄创办于 2000 年 12 月，负责人冯泽宝，农庄在本地建立了 10 208 亩无公害稻米生产基地，现有职工 22 人，专业技术人员 3 人，配套有温室育秧生产线 1 条、机插、机割、烘干等大型机械 50 台（套），拥有进口稻米加工生产线 1 条，建有质量检验检测室。2004 年通过无公害产地认定和无公害农产品认证，2008 年通过 QS 认证，2017 年通过 SC 认证，2018 年通过 ISO：9000 认证（图 5-38 至图 5-40）。

图 5-38　生产基地

图 5-39　加工基地

图 5-40　产品

　　冯泽宝及义宝农庄先后被授予"全国十佳农民""全国种粮大户""全国粮食生产大户标兵""全国粮食生产先进个人""全国 20 佳农机合作社理事长"称号和浙江省"粮食生产十佳典范""优秀种粮大户""浙江省劳动模范"、金华市"诚信企业"等。2006 年，"义宝"牌商标被认定为金华市著名商标，2008 年被认定为"浙江省著名商标"，2007 年被评为浙江省十大品牌大米，2006 年，

2009—2017 年，2021—2022 年多年荣获浙江省农业博览会金奖，第四届、第五届、第九届、第十届、第十一届中国稻博会金奖，2015 年荣获第九届中国国际有机食品博览会味优奖，2016 年荣获"浙江好稻米"金奖。

义乌市义宝农庄于 2003 年起在东北吉林永吉县与吉林省万昌米业有限公司合作，向农场及农民转包经营耕地 7 650 亩，建立了富硒稻米基地，合作经营一直延续至今，自 2006 年起又与吉林省延边绿色食品加工有限公司合作，在吉林省延边州朝阳川镇建立了有机大米种植基地 4 500 亩。2015 年义宝农庄在黑龙江虎林市建成优质稻米基地 5 000 亩。

示范基地地点：义乌市义亭镇枧畴村。

粮食作物种类：小麦、水稻。

粮食种植面积：义乌市、金东区 5 000 亩，东北 17 150 亩。

自有粮食加工面积：12 500 亩。

订单粮食加工面积：2 600 亩。

种植品种：金早 09、金早 654、甬籼 15、长优 2 号、嘉优中科 13-1、甬优 9 号、甬优 15、湘优 269、禾香优 1 号、徐麦 33 等。

种植模式及绿色生产技术：种植模式为早稻—连晚、小麦—单季稻、稻虾。绿色安全生产措施如下：一是保护天敌，在田埂上种植菊科植物、黄秋葵等，田埂留草；二是开展稻田养虾试验；三是应用二化螟、稻纵卷叶螟性诱剂诱杀雄蛾；四是应用太阳能杀虫灯诱杀害虫；五是应用高效、低毒、低残留、环境友好型农药，充分发挥水稻的补偿能力，减少用药次数。

自有加工能力：120 t/日。

销售情况：2002 年注册了"义宝"商标，2006 年"义宝"牌商标被认定为金华市著名商标，2008 年被认定为"浙江省著名商标"。

有机米售价为 15 ～ 24 元 /kg，其他东北米售价为 5.2 ～ 9 元 /kg，2021 年销量 6 500t。主要销售渠道为义乌粮食批发市场、义宝农庄粮食门市部。

（十四）台州景康农业发展有限公司

主体情况简要介绍：仙居县景康农业发展有限公司创办于 2021 年 1 月 20 日，现有成员 10 人。在上张乡方山、藤山等村拥有优质稻米基地 320 亩；方山村六亩田自然村三叶青基地 50 亩，现已投产 5 年。拥有旋耕机 1 台、微耕机 1 台、小型收割机 1 台，目前，采用委托加工。公司内部管理机构健全，分工明确，有栽培组、植保组、机械操作组、市场营销组（图 5-41 至图 5-44）。

示范基地地点：仙居县上张乡方山村。

粮食作物种类：水稻。

粮食种植面积：320 亩。

自有粮食加工面积：320 亩。

种植品种：中浙优 8 号、嘉禾优 7245。

种植模式及绿色生产技术：基地位于仙居与永嘉相邻的红色基地仙居县上张乡革命老区，海拔高度 400 ～ 450m，四面环山，周边均为森林，环境优美、负氧离子含量高，土壤富含锌、硒等微量元素，山泉水灌溉。基地全部种植获省（市）金奖的稻米品种，施肥管理上以施基地为主，分蘖肥为辅，不施穗肥；通过稻田养鸭和稻田养鱼来控制田间杂草和病虫害，整个生育期不使用化学杀虫剂，以高效低毒杀菌剂预防水稻病害，确保稻米质量安全，提升稻米品质。收割后采用常温晒干方式，并采用现碾现送确保大米优质新鲜。5 月上旬日绿肥第 1 次干旱翻耕，6 月中旬灌水翻耕整田，亩施 26-10-15 稻坚强缓释掺混肥 40kg。6 月下旬亩用秧苗30盘，采用抛秧方式移栽，每亩1.3万丛左右。7月初亩施46%尿素10kg、60%氯化钾15kg作分蘗肥，后期仅用水稻提质增产剂"保美乐"于7月中旬、8月下旬和9月上旬进行喷施，未用其他肥料。7月中下旬为搁田时间，7月底至8月初开始复水，因前期搁田导致田板开裂，保水能力差，复水后长期保持有山泉水流入，到10月中旬才断水，10月底开始收割。

销售情况：注册商标为"浙里仙"，"浙里仙"牌"仙居大米"2021年被评为"浙江好稻米""仙居好稻米"金奖产品。有稳定的销售渠道，主要销往学校、酒店以及企事业单位食堂。

图5-41 生产基地

图5-42 种植模式

图 5-43　生产基地

图 5-44　加工基地及产品

（十五）温岭市箬横喜乐家庭农场

主体情况简要介绍：家庭农场成立于 2013 年 7 月，现有设施用房 767 m²，种植面积 820 亩，拥有烘干机 5 台，插秧机 3 台，育秧流水线 2 套。农场内部管理机构健全，分工明确，有植保机械等。2013 年被评为省级示范性家庭农场。2021 年通过浙江省绿色农产品产地及产品认证。2019 年被评为浙江省高品质绿色示范基地。2021 年评为浙江省稻渔综合种养示范基地（图 5-45 至图 5-47）。

图 5-45　生产基地

图 5-46　加工基地

图 5-47 产品

生产基地位于东浦农场边，以"生态、高效、安全"为目标，稻田综合种养是根据水稻和水产动物的共生互利特点及两物种生长发育对环境的需求，合理配置时空，充分利用土地资源，提高池塘综合生产力，继而提高总体的效益的一种生态模式，其主要有：一是利用空间拓展效应、二是节本增收效应、三是生态安全效应。2013 年，以生态循环为基础，借鉴省内成熟的稻虾综合种养试验，取得了重大的成果。2017—2018 年，稻虾米获得温岭市农博会金奖；2019 年，浙江省新型稻渔综合种养示范基地；2018—2021 年，连续获台州市好稻米金奖；2021 年，获浙江省好稻米金奖。

示范基地地点：箬横镇西浦村。

种植品种：泰两优 217。

种植模式及绿色生产技术：

（1）应用钵苗摆秧技术。6 月初播种，用种量 1.25 kg/ 亩，秧龄 20～25 d，行株距 28 cm×18 cm，密度 1.3 万丛/ 亩。

（2）应用稻虾共养技术。按照宽 3 m、深 1.5 m 的标准开好环沟，留足 4 m 的机械操作道，环沟四周种植狐尾草等水草。虾苗分两次投放，3 月上旬按 15 kg/ 亩（50 只 /kg）标准投放 1 次，7 月下旬按 10 kg/ 亩（40 只 /kg）标准投放 1 次。成虾捕捞也分两次进行，6 月上旬捕捞 1 次产量预计 60 kg/ 亩，2—3 月捕捞 1 次产量预计 10 kg/ 亩。捕捞时降低水位，利于虾回到环沟集中捕捞。水稻收割前 10 ～ 20 d 应降低水位进行搁田，促使虾进洞并有利水稻机械收割。

（3）化肥减量技术。基肥施用菜籽饼 250 kg/ 亩，商品有机肥 400 kg/ 亩，分蘖肥施用尿素 10 kg/ 亩，穗肥零施入。

（4）应用水稻病虫害绿色综合防控。通过安装杀虫灯、性诱剂、诱虫色板，种植香根草等，有效减少化学防控，降低农药残留提升稻米品质。农药主要应用苏云金杆菌、拿敌稳等生物无毒低毒农药。

（5）低温烘干现碾现送确保大米优质新鲜。

销售情况：家庭农场自有"禾汉子"注册商标，"禾汉子"蟹田米 2021 年被评为"浙江好稻米""台州市好稻米"产品。有稳定的销售渠道，主要以订单形式、超市以及企事业单位食堂。在箬横镇设有直销店，年销售量在 287 t 左右。

（十六）温岭市箬横细罗家庭农场

主体情况简要介绍：温岭市箬横细罗家庭农场位于箬横镇高楼村，是一家产供销一体的企业，基地面积有 800 多亩，现有设施用房 700 m²，稻谷烘干和稻米加工以及各类机械，2013 年被评为浙江省示范性家庭农场（图 5-48 至图 5-50）。

图 5-48　生产基地

图 5-49　加工基地

图 5-50　产品

示范基地地点：箬横镇东马村。

种植品种：甬优 15。

种植模式及绿色生产技术：

（1）应用钵苗摆秧技术。6 月初播种，用种量 1.25 kg/ 亩，秧龄 20 ～ 25 d，行株距 28 cm×18 cm，密度 1.3 万丛 / 亩。

（2）应用稻鸭共育技术。按照畦宽 10 m、沟宽 0.5 m 的标准进行秧苗移栽，移栽后 5 ～ 7 d 将孵化后 2 ～ 3 d 的本地麻鸭按照 15 只 / 亩的放养密度放入田间，收割前 10 ～ 15 d 收回麻鸭。麻鸭经过稻田 90 日自然生长净重 1.5 kg/ 只左右。

零化肥投入技术。基肥施用菜籽饼 100 kg/ 亩，分蘖肥施用生物肥料 50 kg/ 亩，利用还田鸭粪约 225 kg/ 亩，真正做到零化肥使用。

（3）应用水稻病虫害绿色综合防控。通过安装杀虫灯、性诱剂、诱虫色板，种植香根草等，有效减少化学防控，降低农药残留提升稻米品质。农药主要应用药苏云金杆菌、虱螨脲、拿敌稳等生物无毒低毒农药。

（4）低温烘干现碾现送确保大米优质新鲜。

销售情况：注册商标为"细罗"，"细罗"牌大米 2018 年通过中国绿色产地及产品认证；2020 年被评为浙江省高品质科技示范基地；2019 年获台州好稻米优质奖；2020 年获台州好稻米金奖、消费者最喜爱大米；2021 年获台州好稻米金奖、消费者最喜爱大米、浙江省好稻米金奖；2022 年获台州好稻米金奖。有稳定的销售渠道，主要销往酒店、企事业单位食堂。在箬横镇设有直销店，年销售量在 100 t 左右。

（十七）龙泉市祥禾粮食产业综合服务公司

主体情况简要介绍：公司创建 2017 年，基地面积 1 100 亩。

占地总面积 8 000 m²。本公司采用集筹农合方式，订单种植水稻 1 万余亩，自有粮食种植基地 1 100 余亩，注册资金 500 万元，是龙泉市种植粮食规范大、实力强的粮食作物合作社之一。龙泉市祥禾粮食综合服务公司种植水稻等农作物的生产、加工、销售一条龙服务，农作物生产从翻耕、播种、插秧、植保、收割、烘干、加工、包装实行全程机械化操作。公司拥有大型拖拉机、育秧机、插秧机、大型粮食烘干机、农机维修、粮食仓储加工、无人机等设备 60 余套，为龙泉市农业合作社、家庭农场、种植大户、企业及广大农户提供化肥、农药、种子等农资供应，农业机械出租，农机维护，农业技术培训等综合服务。日烘干能力 150 t、日加工能力 100 t。合作社内部管理机构健全，分工明确，设有栽培组、植保组、机械操作组、市场营销组（图 5-51 至图 5-54）。

（1）2017 年获龙泉市农业局"龙泉首届优质米评比奖"；

（2）2018 年被评为"龙泉好稻米奖"；

（3）2020、2021 连续两年分别获"丽水市好稻米金奖"和"龙泉市好稻米优质奖"；

（4）2021 年被评为"浙江省十佳合作社"；

（5）2021 年被国家认证为"绿色食品"；

（6）2022 年被评为丽水市中级"农三师"；

（7）"岷露合鸭米"推荐为"2021 浙江好稻米"优质奖

示范基地地点：浙江省丽水市龙泉市兰巨乡梅垟村。

粮食作物种类：水稻。

粮食种植面积：1 100 亩。

自有粮食加工面积：1 100 亩。

订单粮食加工面积：6 000 亩。

种植品种：中浙优 8、外引 7 号、甬优 1540、甬优 1526 等。

图 5-51　生产基地

图 5-52　种植模式

图 5-53　加工基地

图 5-54　产品

种植模式及绿色生产技术：采用稻鸭共育、再生稻生产、绿色防控技术，基地和加工厂通过绿色认证，全程按照绿色食品要求开展种植和加工。

（1）筛选优质稳产品种，做好示范推广。年引进筛选品种 5个以上，在农业部门或者自行组织开展新品种展示示范，分点种植，获得稳定优质品种如外引系列、甬优 1526 再生稻系列在示范推广，从品种上保障稻米优质化。

（2）再生稻生产模式提高产量 30%，降低化学农药投入量 50%。再生稻生产模式关键在茬口安排：一是确保头季稻播种时安全出苗，播种需确保度过早春低温期，温度稳定超过 12℃，适时早播；二是适时收获，头季稻成熟度达 90% 以上，倒二节分蘗露出叶鞘时，就应早施催芽肥和适时收割，以保障休眠芽的顺利萌发和为再生季产量形成留足时间。

（3）集中化、服务化管理，严格管控投入品提高稻米安全性。公司药品、肥料采购严格参照绿色生产标准要求，专人负责，并结合施用有机肥、显花植物、稻鸭共育等绿色综合防控技术，保障产品安全性。

自有加工能力：100 t/日。

销售情况：自有商标"岷露"，食品生产许可SC1013311 8102991，有稳定的销售渠道。主要销往酒店、超市、粮油批发店以及企事业单位食堂。年销售量在3 000 t左右。

（十八）青田县云端农业开发有限公司

主体情况简要介绍：2016年11月成立的一家从事于生态农业种植、研发、销售的科技型中小企业。目前，在青田县万阜乡主要从事稻鱼米（稻鱼共生）、高山杨梅和田鱼的种植与养殖，联合浙江省农科院与水稻所有关专家在实践中探索新方法、新技术，总结出保质增效的农业生产模式，并且已申请专利37件，其中，发明专利14项（已授权发明专利3项），实用新型专利23项。近2年来与浙江浙产药材发展有限公司合作，实施"稻药轮作"模式（冬闲田种植中药材、夏秋季种植水稻），种植"浙八味"药材中的元胡与浙贝母。稻谷、田鱼和浙贝母已获得有机认证。2019—2021年在青田县与丽水市"好稻米"比赛中连续3年获得金奖和最好吃稻米奖，在2017年与2018年浙江省"好稻米"比赛中连续二年获得金奖，并在2020年第三届中国黑龙江国际大米节荣获金奖。2019年公司获得丽水市科技示范企业称号，加入"丽水山耕"国际认证联盟。2021年本公司利用传统"稻鱼共生"种植模式的稻田面积达到560亩左右，其中有机种植田块面积约50多亩（图5-55至图5-56）。

示范基地地点：浙江省青田县万阜乡云山背村南垟。

粮食作物种类：水稻。

图 5-55　生产基地及种植模式

图 5-56　收割及稻米产品

粮食种植面积：900亩。

自有粮食加工（委托）面积：100亩

种植品种：润香2号、润香10号、中浙优8号、玉针香、嘉丰优2号。

种植模式及绿色生产技术：见附件。

自有加工能力：0t/日。

销售情况：自有商标"鱼米情"，有稳定的销售渠道。主要销往代理点、线上线下零售以及企事业单位订单，年销售量在15t左右。

（十九）庆元县光泽家庭农场

主体情况简要介绍：2014年创建，位于庆元县黄田镇双坞村，是一家集养殖、种植、销售于一体的家庭农场。坐落于庆元县黄田镇双坞村，平均海拔在700m左右，光照充足，大田周边大多为山地，森林覆盖率达81%，环境优美，空气清新，周边没有矿、工企业污染等污染源，水质优良，具有良好的农业生态环境。基地面积760亩，现有设施用房200m^2，拥有各类农机10多台（套），日烘干稻谷能力10t，采用委托方式加工稻米。在2017年正式加入丽水山耕区域性品牌，并在同时创立自己品牌泽山湾。农场注重产品质量，建立产品质量安全体系，直接追踪溯源到原产地。农场的大米现已通过无公害认证和有机认证。在包装方面，农场设计使用的包装具有特色，辨识度高，获得农产品包装设计大赛优秀奖。先后被评为"庆元县旅游地商品示范主体""丽水市农村科技示范户""丽水市示范性家庭农场""浙江省示范家庭农场"。所生产经营的泽山湾大米也先后被评为"丽水市生态精品农产品""丽水市十佳好大米""浙江省优质好大米"（图5-57至图5-59）。

图 5-57 生产基地

图 5-58 种植模式

图 5-59　产品

示范基地地点：丽水市庆元县黄田镇双坞村。

粮食作物种类：水稻。

粮食种植面积：760 亩。

自有粮食加工（委托）面积：600 亩。

种植品种：中浙优 8 号、华浙优 223、常规稻红米和黑米。

种植模式及绿色生产技术：农场一直坚持生态种养，为消费者提供原生态农产品，农场采用稻田养鱼、稻田养鸭的生态种养模式，提高土地利用率，达到一田多用、一水多用、一季多收的最佳效果。种植过程中不打农药，不打除草剂，采用农家有机肥作为底肥，让农场的产品更加绿色无公害，口感更佳。

（1）模式特点。在水稻正常生长季节，放养鸭子在稻田中并利用鸭子啄食杂草、捕捉虫子的习性，达到减少或完全不使用农药、利用鸭子粪便作为有机肥减少化肥的使用，并以鸭子在稻田间的活动达到类似松土、耘田的效果。

（2）茬口安排。水稻育秧安排在4月下旬至5月上旬，移栽在5月上旬至6月上旬，山区育秧时间略靠前。水稻成熟收获在9月下旬至10月上旬。

鸭苗的采购节点需契合下田时间：下田时要求雏鸭孵化后的15～20 d、体重达到100 g。水稻移栽后10 d左右，选择晴朗天气的上午，将小鸭驱赶、食诱入田间。在水稻杨花结束开始灌浆时，分批将鸭子回收，以免鸭吃稻穗。在水稻收割后也可继续将鸭子放回稻田，吃掉水稻收割时损失的稻谷（表5-1）。

表5-1　稻鸭共养时间表

种类	播种（放苗）期	收获期
水稻	4月下旬至5月上旬	9月下旬至10月上旬
鸭子	5月中旬至6月中旬	8月下旬至9月上旬

（3）关键技术。

①田块选择和建设。放养式稻/鸭+鸭共育对生产基地的环境标准，首先必须有连片相对面积的独立空间田块，如不连接村庄、大路的山间小盆地、小河谷。否则，需要在投放范围内建设50 cm高度以上的围栏，以防鸭子逃逸和野狗等天敌侵入。要求田地相对平整、水质洁净且水资源丰富、田间沟渠通畅和田埂完好，总面积要求一般在数十亩以上。预先在农场就近搭建简易小鸭活动棚，四周围栏并有浅水池，作引鸭苗暂养。

②水稻品种选择。水稻选择大穗型、株高适中、茎粗叶挺，株型挺拔、分蘖力强，抗稻瘟病、稻曲病，熟期适中的优质稻品种，如中浙优8号、华浙优223等。

③鸭的选择。选择小型个体鸭种，如活动灵活、食量较小、露宿抗逆性强、适应性较广、生活力强、田间活动时间长、嗜食

野生植物的麻鸭。其成年个体重量一般只有 1 ～ 1.5 kg，野外放养最终重量一般在 1 kg 左右。

自有加工能力：0 t/ 日。

销售情况：自有商标"泽山湾"，有稳定的销售渠道。主要销往代理点、超市、线上线下零售以及企事业单位订单，年销售量在 200 t 左右。

（二十）缙云业盛家庭农场

主体情况简要介绍：缙云业盛家庭农场创建于 2018 年，位于缙云县新建镇新湖村葛湖。下设有新盛食品加工厂（加工大米、缙云爽面）、生态种养基地、水果基地，合作经营农产品直营店 4 家，线上网店 2 家。集休闲、种植、加工、售销为一体的全产业链农场。农场种植水稻 1 010 多亩，以优种优品优质为品质和缙云、青田、龙泉多个种粮基地合作经营 2 000 多亩，冷藏粮储保证了新鲜大米口感、品质。2018 年获得丽水市好稻米金奖，2019 年丽水市优胜奖第一名。2020 年浙江省好稻米金奖、中国绿色食品认证（图 5-57 至图 5-59）。

示范基地地点：缙云县新建镇新湖村葛湖。

粮食作物种类：水稻。

粮食种植面积：1 010 亩。

自有粮食加工面积：1 010 亩。

种植品种：嘉丰优 2 号、甬优 9 号等。

种植模式及绿色生产技术：

（1）绿色生产标准。农场生产的绿色生态大米严格按照国家绿色标准，用清澈甘甜的山泉水灌溉。

（2）绿色防控。利用稻鱼、稻鸭，稻虾等多模式种养结合生产，田间种植诱集植物减少用药用，夜间在稻鱼区使用灯光引诱害虫到水面，即杀灭害虫又给田鱼添餐。严格使用绿色农药防治、施有机肥料和有机无机复混肥，充分循坏利用鱼塘水肥种植。

（3）全程可追溯。整个园区全程在网络监控中种植，随时有据可追溯。

（4）科技合作。依托相关政府部门大支持建设基地有：中国水稻研究所战略合作示范点、耕地质量保护提升技术示范区、省现代农业科技示范基地、省水稻绿色高产高效创建千亩示范片、省水稻绿色防控示范区、浙西南地区优质稻品种适应性研究及示范基地等。

自有加工能力：20 t/日。

销售情况：自有商标"农家湘""米曼青云"，有稳定的销售渠道。合作经营农产品直营店四家，线上网店两家，年销售量在1 000 t左右。

图 5-60　生产基地

图 5-61　种植模式

图 5-62　种植模式及产品

六

参考文献

陈晓华，2014. 大力培育新型农业经营主体——在中国农业经济学会年会上的致辞［J］.农业经济问题，35（1）：4-7.

曹栋栋，吴华平，秦叶波，等，2019. 优质稻生产、加工及贮藏技术研究概述［J］.浙江农业科学，60（10）：1 716-1 718.

秦叶波，孙健，丁检，等，2018. 浙江省水稻生产现状及绿色生产发展措施建议［J］.中国稻米，143（3）：76-78.

施俊生，王仁杯，郁晓敏，等，2019. 浙江省水稻品种发展现状与对策［J］.中国稻米，25（1）：23-25.

王月星，王岳钧，2019. 浙江省水稻生产现状与发展对策［J］.浙江农业科学，60（2）：177-179.

周立，李彦岩，王彩虹，等，2018. 乡村振兴战略中的产业融合和六次产业发展［J］.新疆师范大学学报（哲学社会科学版），39（3）：16-24.